KB133932

전염병 팬데믹 어떻게 해결할까?

전염병 팬데믹, 어떻게 해결할까?

초판 2쇄 발행   2022년 12월 30일

글쓴이   김우주, 강규태

편집   이용혁
디자인   김민하

펴낸이   이경민
펴낸곳   ㈜동아엠앤비
출판등록   2014년 3월 28일(제25100-2014-000025호)
주소   (03737) 서울특별시 서대문구 충정로 35-17 인촌빌딩 1층
홈페이지   www.dongamnb.com
전화   (편집) 02-392-6903   (마케팅) 02-392-6900
팩스   02-392-6902
SNS   🅕 🅞 🅑
전자우편   damnb0401@naver.com

ISBN   979-11-6363-550-5 (43400)
          979-11-87336-40-2 (세트)

10대가 꼭 읽어야 할
사회·과학교양 11

전염병 팬데믹 어떻게 해결할까?

세균과 바이러스의 위협,
인류는 전염병을
극복할 수 있을까

김우주, 강규태 지음

동아엠앤비

우리는 인터넷의 발달로 필요한 정보를 손쉽게 얻을 수 있는 시대에 살고 있습니다. 하지만 동시에 인터넷에는 온갖 거짓된 정보가 마치 사실인 것처럼 올라와 사람들에게 피해를 입히기도 합니다. 특히 전염병과 관련해 이 문제가 심각합니다. 전염병에 대한 잘못된 정보를 가지고 있으면 정상적인 예방과 치료를 하지 못하여 병에 감염되고 다른 사람에게 전염을 시킬 수도 있기 때문입니다. 그렇게 되면 본인의 건강에 심각한 악영향을 끼칠 뿐만 아니라 다른 사람들에게도 커다란 피해를 입히게 됩니다.

이러한 문제를 근본적으로 해결하는 방법은 사회 구성원 각자가 좋은 정보와 나쁜 정보를 잘 가려내는 능력을 갖추는 것입니다. 그러기 위해서는 첫째로 과학의 기본 원리들을 이해하고, 둘째로 과학 지식을 폭넓게 습득하고, 셋째로 그 원리 및 지식을 응용해 보아야 합니다. 기본 원리를 이해한다는 것은 왜 전염병이 생기는지, 전염병이 어떤 방식으로 퍼지는지, 전염병을 예방하려면 무엇을 해야 하는지를 아는 것입니다. 그리고 지식을 폭넓게 습득한다는 것은 이와 같은 원리가 말라리아, 인플루엔자, 코로나19 등 여러 가지 전염병에서 각각 어떻게 나타나는지를 아는 것입니다. 마지막으로 응용은 원리와 지식을 구체적인 문제 상황에 적용해 보고 특정 전염병의 유행 상황에서 어떻게 대처해야 하는지 추론하는 것을 말합니다. 이런 과정을 통해 우리 모두가 전염병에 대해 정확하게 알게 된다면 잘못된 정보에 속지 않고 전염병에 올바르게 대응할 수 있을 것입니다.

코로나19가 유행하고 있는 근래 몇 년간의 상황을 여기에 비추어 생각해 봅시다. 전염병과 관련된 기본 원리를 이해하고 있는 사람이라면 병원체가 인체에 침투해 병을 일으키며, 병에 걸린 사람에게서 증식한 뒤 다른 사람에게 전염된다는 점을 알고 있습니다. 또한 그 사람이 코로나19에 대한 지식을 추가로 습득하면 코로나19가 바이러스에 의해 나타나는 질병이며 미세한 침방울을 통해 다른 사람에게 전염된다는 점을 알게 됩니다. 그리고 이러한 원리 및 지식을 잘 응용하면 코로나19 감염을 막기 위해 바이러스가 포함된 침방울을 차단하는 마스크를 쓰고 다녀야 한다고 추론할 수 있게 됩니다.

이 책을 읽는 여러분이 전염병의 기본적인 원리를 이해하고 여러 전염병에 대한 지식을 습득하며 구체적인 상황에 응용하는 능력을 배양할 수 있기를 바라며 글을 썼습니다. 이 책이 전염병에 대해 깊이 있게 이해하는 첫걸음이 되기를 바랍니다.

차례

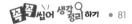

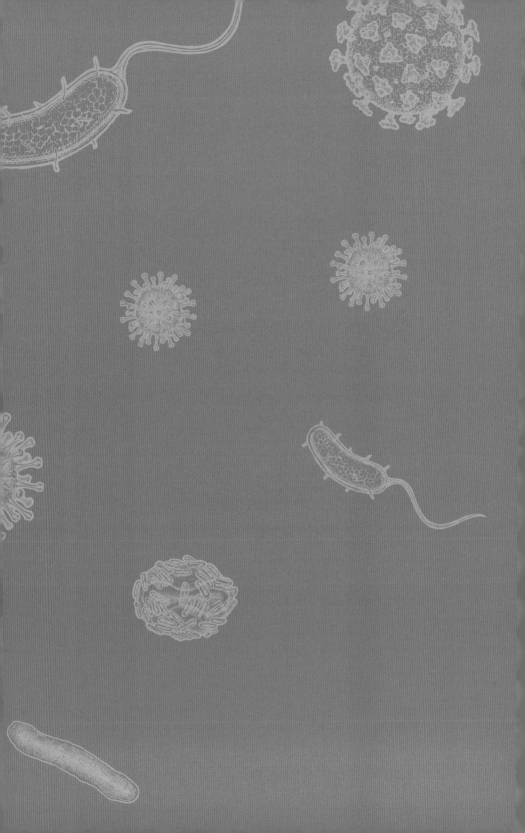

1부

전염병이란
무엇인가

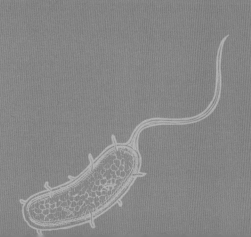

1장

인류와 전염병

병은 크게 감염성 질환과 비감염성 질환으로 나뉩니다. 감염성 질환은 세균, 바이러스, 기생충 등의 병원체가 인체를 감염시켜 일으킨 병을 말합니다. 이런 병원체들은 인체의 특정 부위를 망가뜨리기 때문에 병이 나는 것입니다. 그리고 감염성 질환 중에서 특히 다른 사람에게 옮길 수 있는 것을 전염병이라고 합니다. 비감염성 질환은 병원체 없이 일어나는 병을 말합니다. 대표적 비감염성 질환인 고혈압은 (항상 그런 것은 아니지만) 동맥 혈관벽이 딱딱해져 혈압이 높아지는 문제가 일어나는 것이지, 세균이나 바이러스가 침입해서 생기는 것은 아닙니다. 당뇨병도 마찬가지로 인체 내 췌장에서 인슐린이라는 호르몬이 제대로 분비되지 않거나, 분비되더라도 제대로 작용을 못 하기 때문에 생깁니다. 병원체의 감염 없이도 얼마든지 생길 수 있는 병이지요.

반면 이 책에서는 병원체에 의해 생기는 감염성 질환, 그 중에서도 전염병에 대해서 다루려고 합니다. 전염병은 다른 사람에게 전염될 수 있고, 그렇게 병에 걸린 사람이 또 다른 사람에게 옮길 수 있으므로 순식간에 수많은 사람에게 퍼져나갈 수 있습니다. 그래서 전염이 되지 않는 질병과는 달리, 전염병이 발생하면 작게는 지역 공동체부터 크게는 전 세계가 나서서 대책을 세워야 하는 사회 문제가 됩니다. 처음에는 아주 소수의 사람만 병에 걸렸을지라도, 연쇄적으로 퍼지기 시작하면 엄청나게 늘어날 수 있으니까요. 2019년부터 유행하기 시작한 코로나바이러스감염증-19(이하 코로나19)도 처음에는 중국 우한의 몇 명이 코로나19에 감염된 것이 시작이었습니다. 그랬던 것이 시간이 지나면서 수억 명이 감염되고 수백만 명이 사망할 정도로 퍼진 것입니다.

전 세계가 코로나19로 인해 펜데믹에 빠져 있다.

2009년 신종 플루 유행 당시 상하이에 도착한 비행기에서 검역 중인 모습.

　이런 특성 때문에 전염병은 인류 역사 전체에 크나큰 흔적을 남겼습니다. 사람들이 모인 곳에는 전염병이 돌기 마련이어서, 크게 번성하고 있던 국가가 전염병으로 순식간에 쇠퇴하는가 하면, 전쟁의 종식을 앞당기기도 하고, 살아남은 사람들의 사고방식과 세계관을 뒤흔들어 놓기도 했습니다. 물론 인류가 전염병의 위협에 무력하기만 했던 것은 아닙니다. 눈에 보이지 않는 미생물들이 전염병의 원인이라는 사실을 몰랐던 과거에도 사람들은 전염병이 다른 사람들과의 접촉을 통해 퍼진다는 점을 경험을 통해 알고 있었습니다. 그래서 전염병이 발생하면 증상이 발발한 사람을 격리하고 도시를 봉쇄하는 등 병이 퍼지지 않도록 현대와 비슷한 조

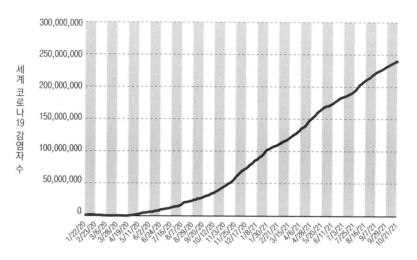

세계 코로나19 감염자 수

2021년 10월 기준 전 세계 코로나19 감염자 수는 2억 명을 돌파했다.

치를 취했습니다. 또한 현재의 백신을 통한 예방 접종과 유사한 방법을 사용하기도 했습니다. 그러한 오랜 경험이 현대로 올수록 과학, 의학, 위생 관념의 발달로 체계화되었고, 이로 인해 과거에 치명적이었던 여러 전염병들을 이제는 걱정하지 않아도 될 정도가 되었습니다.

하지만 코로나19 팬데믹을 겪으면서 모두 느꼈겠지만, 여전히 전염병은 인류에게 엄청난 피해를 입힐 수가 있습니다. 무분별한 개발과 환경 파괴, 지구온난화 등의 영향으로 지난 수십 년 간 수많은 신종 전염병이 출현했습니다. 게다가 엄청나게 늘어난 인구와 도시화, 교통수단의 발달과 빠르게 진행된 세계화로 인해 지구

한쪽 구석에서 발생한 전염병이 순식간에 지구 반대편까지 다다를 수 있게 되었습니다. 전염병에 대응하는 기술은 발전했지만, 다른 한편으로는 인류 역사상 그 어느 때보다 전염병이 쉽게 퍼질 수 있는 환경이 된 것입니다. 7,500㎞이나 떨어진 중동 지역에서 발생한 중동호흡기증후군(메르스, MERS)이 2015년 우리나라를 강타해 여러 명의 사망자를 낸 일, 코로나19가 2019년 말 처음으로 보고된 뒤 전 세계 수천만 명을 감염시키기까지 불과 몇 달이 걸리지 않았던 일들이 이러한 점을 잘 보여 줍니다.

병원체

병원체는 감염성 질환을 일으키는 생물을 뜻하며 여러 가지가 있지만 가장 먼저 떠오르는 것은 세균일 것입니다. 세균은 수많은 감염성 질환을 일으키는데 특히 페스트, 장티푸스, 콜레라 등 강력한 전염병의 원인입니다. 세균은 사실 엄청나게 많은 종을 포함하는 분류 단위이기 때문에 그만큼 세균에 의해 발생하는 전염병도 많습니다.

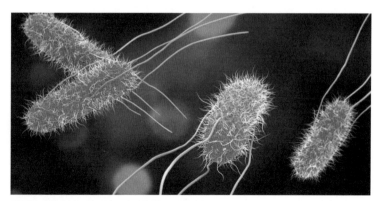

장티푸스를 일으키는 살모넬라균의 3D 이미지.

생물 분류의 가장 작은 단위는 '종'입니다. 호랑이, 사자, 표범이 서로 다른 종이라고 할 때의 그 종이지요. 그 위로는 '속'이라는 분류 단위가 있습니다. 호랑이, 사자, 표범은 종이 다르지만 그래도 이들과 사람을 비교해 보았을 때보다는 상호간에 유사한 점이 많습니다. 그래서 호랑이, 사자, 표범 등은 같은 속에 포함됩니다. 이렇게 거슬러 올라가다 보면 최상위 분류 단위인 '역'이 나옵니다. (바이러스를 제외하면) 지구상의 생물은 세 가지 역 중 하나에 속합니다. 그중에서 '진핵생물역'에는 동물계와 식물계, 균계(세균이 아니라 버섯, 곰팡이 등을 뜻합니다.)를 비롯해 총 여섯 개의 계가 포함되어 있습니다. 다른 두 가지 역은 '세균역'과 '고세균역'입니다. 우리가 흔히 말하는 세균은 세균역에 속하는 생물을 지칭합니다.

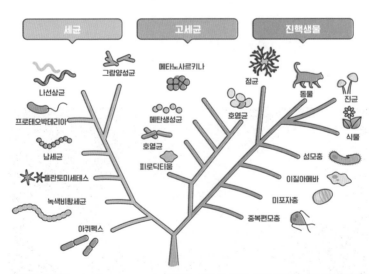

계통수(系統樹, phylogenetic tree). 생물이 진화의 결과 여러 종이나 분류군 사이에서 나타나는 신체적이거나 유전적 특징의 유사성과 차이를 바탕으로 진화적인 유연관계를 나무 줄기와 가지의 모양으로 나타낸 다이어그램이다.

세균은 다 비슷비슷하다는 생각이 들지도 모르겠지만, 실제로는 이렇게 '세균'이라고 하면 동물계, 식물계보다도 큰 분류 단위를 말하는 것입니다. 그래서 세균에는 사람에게 병을 일으키는 세균이 있는가 하면, 사람에게는 무해하지만 다른 생물에게 병을 일으키는 세균, 사람에게 오히려 유익한 세균 등 온갖 종류가 존재합니다. 세균이라고 하면 보통 병을 일으키는 나쁜 것만 생각하기 쉽지만 정작 사람에게 병을 일으키는 세균은 극소수에 불과합니다. 하지만 그 극소수가 병을 일으키니까 사람들의 주목을 받게 되는 것이지요.

세균세포의 구조

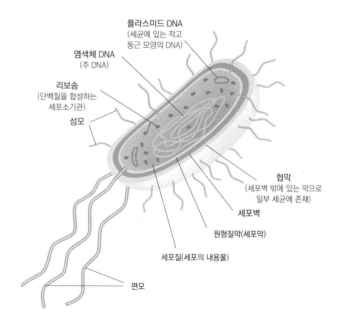

이렇게 다양한 미생물을 세균역이라는 하나의 단위로 분류해 놓은 이유는 모든 세균들에 몇 가지 공통점이 있기 때문입니다. 우선 세균은 단 하나의 세포로 이루어진 단세포 생물입니다. 그리고 세균은 세포에 핵이 없어서 유전 물질인 DNA가 세포 전체에 퍼져 있습니다.

19세기 초까지만 해도 세균이 병을 일으킨다는 점이 알려져 있지 않았습니다. 그래서 손을 씻어 세균을 제거함으로써 병을 예방할 수 있다는, 오늘날에는 당연하게 생각되는 상식도 당시 사람들에게는 생소한 이야기였습니다. 손 씻기를 통해 병을 예방할 수 있다는 점을 처음 발견한 사람은 헝가리의 의사인 제멜바이스(Ignaz Philipp Semmelweis, 1818~1865)였습니다. 제멜바이스는 병원에서 근무하면서, 산부인과의 두 병동에서 산모가 출산 후 산욕열(분만 시 생긴 성기의 상처에 세균이 감염되어 고열이 나는 질환)로 사망하는 비율에 차이가 있다는 점을 알게 됩니다. 제1병동에서 산모의 사망률은 무려 9.9%에 달했지만, 제2병동에서는 그보다 훨씬 낮은 3.4%였습니다. 제멜바이스는 이 이유를 밝히기 위해 두 병동에서 의사들이 어떻게 행동하는지 유심히 관찰했습니다. 그 결과, 사망자가 많이 나오는 제1병동의 의사들이 전염성 질병을 앓던 환자를 돌보거나 시체를 만진 후 손을

제멜바이스의 기념우표.

씻지 않고 곧바로 분만실에 들어간다는 점을 발견합니다. 문제의 원인이 여기에 있다는 가설을 세운 제멜바이스는 제1병동 의사들에게 분만실에 들어가기 전에 손을 씻도록 했습니다. 그 덕분에 제1병동에서 산모들의 사망률이 크게 낮아졌습니다. 더러운 손에 묻어있는 무엇인가가 병을 일으킨다는 증거였지요.

그러나 여전히 다수의 의사들은 제멜바이스의 주장을 무시했습니다. 질병은 오염된 공기를 통해 전염된다고 믿은 탓도 있고, 제멜바이스의 이론을 받아들이면 의사들 자신이 산모를 죽였다고 인정하는 꼴이 되기 때문이기도 했습니다. 세균이 질병의 원인이 될 수 있다는 것을 더 확고하게 밝혀낸 것은 프랑스의 생화학자 파스퇴르(Louis Pasteur, 1822~1895)입니다. 파스퇴르는 가열을 통해 세균을 죽임으로써 음식물의 부패를 막는 방법-가열 살균법-을 개발했습니다. 이로써 오염된 음식물 섭취로 인한 전염병 창궐을 막을 수 있게 되었습니다.

대표적인 병원체로 바이러스도 빼놓을 수 없습니다. 바이러스로 인한 전염병에는 인플루엔자, 천연두, 소아마비, 홍역, 코로나19 등이 있습니다. 앞에서 지구상의 생물들은 진핵생물역, 세균역, 고세균역 중 하나에 속한다고 했지만, 바이러스는 예외입니다. 바이러스는 세 역 중 어디

루이 파스퇴르. 1895년 미생물학으로 최고의 영예인 레이웬훅크메달(Leeuwenhoek medal)을 수상했다.

에도 속하지 않을 뿐만 아니라, 애초에 생물이라고 보아야 하는지
도 불분명합니다. 다른 생물들과는 아주 다른 특징을 가지고 있
기 때문이지요.

먼저, 다른 생물들은 하나든 여러 개든 세포로 구성되어 있습
니다. 그런데 바이러스는 세포로 구성되어 있지 않고, 유전 물질
(DNA 또는 RNA)과 그것을 둘러싼 단백질 껍질인 캡시드(capsid)로 단
순하게 구성되어 있습니다. 어떤 바이러스는 캡시드 밖에 단백질
및 지질로 이루어진 외피(envelope)를 더 가지고 있으며, 외피에는
'스파이크'라고 불리는 단백질 돌기가 돋아 있기도 합니다. 캡시드
나 외피는 유전 물질을 보호하는 역할을 하며, 스파이크 단백질은
바이러스가 세포에 침입할 때 열쇠 역할을 합니다.

바이러스의 구조

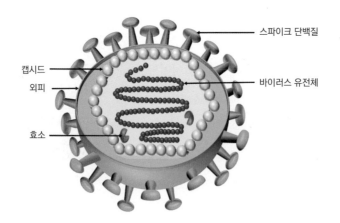

그리고 다른 생물은 모두 스스로 증식할 수 있지만, 바이러스는 다른 생물의 세포를 통해서만 증식할 수 있습니다. 그 과정은 다음과 같이 이루어집니다.

① 바이러스가 다른 생물의 세포 표면에 달라붙거나, 세포 내부로 침입합니다. 여기서 바이러스에게 침입을 당한 세포를 '숙주 세포'라고 부릅니다.
② 바이러스가 자신의 유전 물질을 숙주 세포 내로 방출합니다.
③ 숙주 세포는 방출된 유전 물질의 정보에 따라 바이러스의 구성 요소들을 합성합니다.
④ 바이러스의 구성 요소들이 숙주 세포 내에서 조립되어 새로운 바이러스들이 만들어집니다.
⑤ 새로 만들어진 바이러스들이 숙주 세포 밖으로 방출됩니다. 이 과정에서 숙주 세포는 크게 손상되어 죽는 경우가 많습니다.

또한 타 생물과 서로 다른 물질을 유전 정보 저장에 이용하는 바이러스도 있습니다. 바이러스 이외의 모든 생물은 유전 정보를 저장하기 위한 물질로 DNA(디옥시리보 핵산, deoxyribonucleic acid)를 사용합니다. 그리고 DNA와 비슷한 물질인 RNA(리보 핵산, ribonucleic acid)는 DNA에 담긴 정보를 세포 곳곳으로 전달하기 위한 용도로 사용합니다. RNA는 DNA보다 불안정하여 쉽게 분해되므로 유전 정보를 오랫동안 손상 없이 저장하기에 부적절하기 때문입니다. 비유하자면 DNA는 중요한 문서의 원본이고, RNA는 임시로 사용하는 복사본이라고 할 수 있습니다. 문서를 다른 곳으로 보내야 할 때, 원본을 그대로 보낸다면 문서가 손상될 수 있어 위험하니 원본은 따로 안전하게 보관하면서 대신 복사본을 보내면 되겠지요.

바이러스 역시 다른 생물들과 마찬가지로 DNA에 유전 정보를 저장하지만, 일부 바이러스는 DNA가 아니라 RNA를 유전 정보 저장용으로 사용합니다. 앞서 이야기했듯이 RNA는 DNA보다 불안정하기 때문에 쉽게 변하고, 따라서 RNA 바이러스는 DNA 바이러스보다 변이가 쉽게 생깁니다. 이러한 점이 RNA 바이러스 박멸을 어렵게 하는 주요한 원인입니다.

전염병을 일으키는 병원체로는 이밖에도 균류(곰팡이류)나 원충 등이 있습니다. 곰팡이로 인해 생기는 대표적인 질병은 무좀입니다. 무좀을 일으키는 곰팡이는 주로 사람의 발에 생긴 각질을 먹고 자랍니다. 그래서 무좀을 앓고 있는 사람이 밟고 다닌 방바닥을 함께 밟을 수밖에 없는 가족들에게 쉽게 전염이 됩니다. 한편 원충은 단세포 기생충을 뜻하는데, 언뜻 보기에는 세균과 비슷해 보이지만 진핵생물역에 속합니다. 말라리아가 원충으로 인해 생기는 가장 대표적인 전염병입니다. 말라리아는 말라리아 원충에 감염된 사람이 모기에 물리고, 그 모기가 다른 사람을 물면서 원충을 전파하는 식으로 전염이 일어납니다.

여기서 한 가지 짚고 넘어갈 점은 앞서 이야기한 병원체들이 모든 생물에게 병을 일으킬 수 있는 것은 아니라는 사실입니다. 그 이유는 '종간 장벽'이 있기 때문입니다. 종간 장벽이란 병원체가 감염시킬 수 있는 생물이 한정되어 있어서 다른 종의 생물은 감염시키지 못하는 것을 뜻합니다. 일반적으로 두 생물이 분류학적으로 가까울수록 종간 장벽이 낮고, 멀수록 종간 장벽이 가까운 경향이 있습니다. 예를 들어 담배 모자이크 바이러스는 담배를 포함한 여러 식물을 감염시키지만 동물을 감염시키지는 못합니다. 식물과 동물의 내부 구조는 매우 달라서 담배 모자이크 바이러스가 식물에 침입할 때 쓰는 방법을 동물에게 쓰지 못하기 때문입니다. 같은 동물계로 한정해 보아도 특정 동물에게는 감염이 되는 병원체가 다른 동물에게는 감염이 되지 않기도 합니다. 그래서 사람에게 감염되는 병원체가 다른 동물에게는 감염되지 않기도 하고, 반대로 동물에게 감염되는 병원체가 사람에게는 감염되지 않기도 합니다.

그런데 때로는 여러 종의 생물을 모두 감염시킬 수 있는 병원체도 있습니다. 특히 사람과 다른 동물을 감염시킬 수 있는 경우에는 '인수공통감염병'을 일으킵니다. 여기에서 '인(人)'은 사람을, '수(獸)'는 동물을 뜻합니다. 특히 사람과 분류학적으로 가까운 영장류는 사람과 많은 병을 공유합니다. 에이즈가 대표적인 예입니다. 사람이 에이즈에 감염된 사례는 1980년대에 들어서 나오기 시작했는데 원숭이에게서 전염된 것으로 추정됩니다.

원래는 특정 종에만 감염되던 병원체가 변이를 일으켜 다른 종에 감염을 일으키기도 합니다. 예를 들어 조류인플루엔자(Avian Influenza, AI) 바이러스는 이름 그대로 오리 등 조류에게만 감염을 일으켰는데, 변이를 일으키면서 사람에게도 감염되는 경우도 있습니다. 1918~1919년에 전 세계적으로 유행했던 스페인 인플루엔자(스페인 독감)가 원래 조류인플루엔자였다고 추정되고 있습니다.

DNA, RNA의 구조와 중심 원리

바이러스를 제외한 모든 생물은 DNA에 저장한 유전 정보를 세포 곳곳으로 보내기 위해 RNA를 이용합니다. 바이러스는 일부 종은 DNA에 정보를 저장하고, 일부 종은 RNA에 저장합니다. 그리고 이들 바이러스 모두 자신의 유전 정보를 저장한 DNA 혹은 RNA 자체를 자신이 감염시킨 세포에 보내 감염된 세포가 바이러스의 유전 정보에 따라 새로운 바이러스를 만들어 내도록 만듭니다.

DNA 혹은 RNA에 담겨 있는 정보는 세포가 만들어야 하는 단백질에 대한 정보입니다. 모든 생물의 몸에서 단백질은 매우 중요한 역할을 합니다.

근육은 물론이거니와 머리카락이나 손톱까지도 단백질로 이루어져 있습니다. 먹은 음식을 소화시키는 소화 효소, 피부를 이루는 콜라겐, 인체 내에서 각종 신호 역할을 하는 일부 호르몬 역시 단백

조류인플루엔자에 걸린 닭들.

질입니다. 이렇게 다양한 역할을 할 수 있는 이유는 단백질이 엄청나게 다양한 구조를 가질 수 있기 때문입니다.

단백질은 '아미노산'이라는 작은 분자가 적게는 수십 개에서 많게는 수십만 개까지 이어져 있는 분자입니다. 생물체 내의 아미노산은 20가지 종류가 있기 때문에 단백질은 무한에 가까운 많은 구조를 가질 수 있게 됩니다. 그래서 적절한 구조를 가진 단백질이 생물체 내에서 특정 생리 작용을 하며 생명체가 살아갈 수 있게 합니다. 앞서 말한 소화 효소는 음식물을 이루는 분자들을 붙잡고 잘게 쪼갤 수 있는 구조를 갖는 단백질입니다. 이렇게 음식의 소화에 적합한 단백질을 만들어낼 수 있기 때문에 우리가 음식에서 영양을 섭취해서 생명 현상을 이어나갈 수 있는 것입니다.

RNA와 DNA의 구조. 왼쪽이 RNA, 오른쪽 DNA.

DNA와 RNA가 단백질에 대한 정보를 저장하고 전달할 수 있는 역할을 할 수 있는 이유는 일종의 '글자'로 이루어져 있기 때문입니다. DNA는 적게는 수십 개, 많게는 수억 개의 '뉴클레오타이드'들이 연달아 결합해 기다랗게 이어진 분자입니다. 그리고 하나의 뉴클레오타이드는 위의 그림 오른쪽과 같이 디옥시리보오스에 인산기와 염기가 붙어 있는 구조로 되어 있습니다. 뉴클레오타이드의 디옥시리보오스와 다른 뉴클레오타이드의 인산기가 결합할 수가 있기 때문에 기다랗게 이어져 DNA가 될 수 있습니다.

디옥시리보오스에 결합할 수 있는 염기는 네 가지 종류가 있습니다. 바로 아데닌(A), 티민(T), 구아닌(G), 시토신(C)입니다. 이 네 가지 염기가 바로 '글자' 역할을 합니다. 그리고 뉴클레오타이드 세 개가 이어지면 거기에 있는 세 개의 염기가 모여 하나의 '단어'가 됩니다. 이 단어는 20가지 아미노산 중 하나가 필요하다는 정보를 담고 있습니다. 예를 들어 T 염기, A 염기, C 염기를 가진 각각의 뉴클레오타이드가 모여 TAC 순서로 결합한 DNA가 되면, 이 DNA는 '메싸이오닌'이라는 아미노산이 필요하다는 정보를 담게 되는 것입니다. 마찬가지로 세 뉴클레오타이드가 AAG 순서로 이어져 있으면 이것은 '페닐알라닌'이라는 아미노산이 필요하다는 정보를 담고 있습니다. 그리고 두 '단어'가 결합해 TACAAG가 되면, 메싸이오닌과 페닐알라닌이 이어져야 한다는 뜻이 됩니다. 이런 식으로 뉴클레오타이드가 쭉 이어지면 그에 해당하는 아미노산들이 이어져서 단백질이 만들어져야 한다는 정보를 담게 되는 것입니다.

DNA를 이루는 네 가지 염기의 구조

| 아데닌 | 구아닌 | 시토신 | 티민 |

RNA도 DNA와 동일한 방식으로 단백질 정보를 저장합니다. 차이점이 있다면 DNA에서 디옥시리보오스가 있는 자리에 RNA는 리보오스가 있다는 점입니다. '디옥시'는 '산소가 빠져 있다'라는 뜻으로 다음 페이지의 그림에서 보라색으로 표시되어 있는 부분을 보면 RNA의 리보오스는 −OH인데, DNA의 디옥시리보오스는 O가 하나 빠져서 −H입니다. 그리고 리보오스는 디옥시리보오스보다 불안정하기 때문에 RNA는 DNA보다 불안정합니다. 다른 차이점은

호르몬의 일종인 인슐린 단백질의 구조. 알파벳 세 개가 쓰여 있는 동그라미 각각이 하나의 아미노산을 뜻한다. 쓰여 있는 알파벳은 특정 아미노산의 약 자로 예를 들어 'Phe'는 본문에서 언급한 페닐알라닌을 뜻한다.

DNA의 염기 티민(T) 대신 다른 염기인 우라닌(U)이 쓰인다는 것입니다. 나머지 세 가지 염기(A, G, C)는 RNA에서도 그대로 쓰입니다.

DNA에서 RNA로 정보가 전달될 수 있는 것은 DNA의 염기와 RNA의 염기가 정해진 규칙에 따라 결합하기 때문입니다. DNA의 A는 RNA의 U와, DNA의 T는 RNA의 A와, DNA의 G는 RNA의 C

와, DNA의 C는 RNA의 G와 결합합니다. 예를 들어 DNA에서 아미노산 중 메싸이오닌에 대한 정보를 담고 있는 TAC 서열은 RNA의 AUG 서열에 대응이 됩니다. 그래서 DNA의 TAC 서열에 저장되어 있는 메싸이오닌 정보를 세포 다른 곳으로 보내고 싶다면 그에 대응되는 AUG 서열의 RNA를 만들어서 보내면 되는 것입니다. 이렇게 서로 대응되는 DNA 서열과 RNA 서열을 '상보적인' 서열이라고 합니다.

어떤 RNA 서열이 어떤 아미노산 정보를 담고 있는지는 다음 '코돈표'에 나와 있습니다. 지금 예로 든 AUG가 메싸이오닌에 해당한다는 점도 나와 있습니다. 물론 어떤 DNA 서열이 어떤 아미노산 정

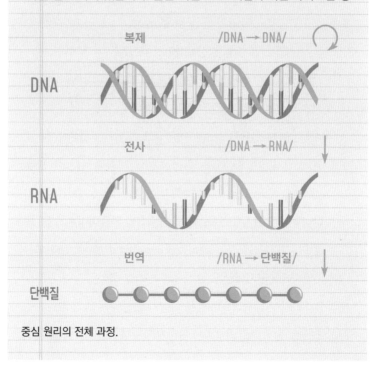

중심 원리의 전체 과정.

UUU UUC	페닐알라닌	UCU UCC UCA UCG	세린	UAU UAC	타이로신	UGU UGC	시스테인
UUA UUG	류신			UAA	종결 코돈	UGA	종결 코돈
				UAG	종결 코돈	UGG	트립토판
CUU CUC CUA CUG	류신	CCU CCC CCA CCG	프롤린	CAU CAC	히스티딘	CGU CGC CGA CGG	아르지닌
				CAA CAG	글루타민		
AUU AUC AUA	아이소류신	ACU ACC ACA ACG	트레오닌	AAU AAC	아스파라진	AGU AGC	세린
AUG	메싸이오닌			AAA AAG	라이신	AGA AGG	아르지닌
GUU GUC GUA GUG	발린	GCU GCC GCA GCG	알라닌	GAU GAC	아스파트산	GGU GGC GGA GGG	글리신
				GAA GAG	글루탐산		

코돈표. RNA 서열과 아미노산의 대응 관계를 나타낸 표이다.

보를 담고 있는지도 이 표를 통해 알 수 있습니다. 방금 이야기했듯 이 RNA 서열과 DNA 서열은 상보적이기 때문입니다. 메싸이오닌이 RNA 서열 AUG에 대응되니, 메싸이오닌이 대응되는 DNA 서열은 RNA 서열과 상보적인 TAC라는 점을 쉽게 알 수 있습니다.

DNA에서 RNA로 유전 정보가 전달되고, 그렇게 전달된 유전 정보를 통해 단백질이 합성되는 과정을 생명 과학에서 '중심 원리 (central dogma)'라고 부릅니다. 단백질이 생물체 내에서 굉장히 중요하고 다양한 역할을 맡고 있으니, 그 단백질을 만들어내는 중심 원리는 생명을 유지하는 가장 핵심적인 과정이라고 할 수 있습니다. 그런데 바이러스를 제외한 모든 생물의 단백질 합성은 중심 원리에 따라 일어나지만, 바이러스의 경우 그렇지 않습니다. 바이러스는 자신이 스스로 단백질을 합성하지 못하기 때문에, 자기 유전 물질을 자기가 감염시킨 세포에 보내 단백질을 합성합니다.

DNA 바이러스의 경우, DNA를 세포 안으로 보냅니다. 그러면 세포는 세포핵에 들어온 DNA를 자신의 것으로 알고 바이러스의 유전 정보가 담긴 mRNA를 합성한 후 바이러스의 단백질을 만들어냅니다. RNA 바이러스는 RNA를 세포 안으로 보내는데, RNA가 세포핵 내에 들어갈 필요는 없습니다. RNA의 유전 정보를 읽고 단백질을 합성하는 리보솜은 세포핵 바깥에 있기 때문입니다. RNA에서 곧바로 바이러스 단백질이 만들어집니다. 바이러스 중에서도 RNA 역전사바이러스는 특이하게도 RNA에서 자신이 가진 역전사 효소를 사용해 DNA를 만듭니다. 그렇게 만들어진 DNA를 세포핵 내로 보내고, 거기서 다시 RNA가 만들어지며 단백질이 합성됩니다. 즉, 'DNA→RNA→단백질' 순서가 아니라 'RNA→DNA→RNA→단백질'이라는 복잡한 과정을 거치는 것입니다.

리보솜의 구조

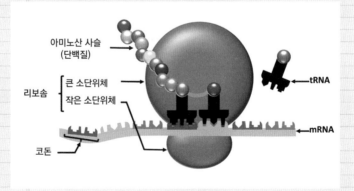

1부 전염병이란 무엇인가 31

3장

감염 경로

병원체가 초기 감염자에서 다른 사람에게 전염이 되는 경로는 여러 가지가 있습니다. 감염된 사람의 타액을 통해 전염되기도 하고, 신체 접촉이나 음식물을 통해 전염되기도 합니다. 하나씩 알아보도록 하겠습니다.

비말 전파

비말 감염은 말을 할 때나 기침을 할 때 나오는 작은 침방울에 세균이나 바이러스가 섞여서 다른 사람의 코나 입으로 들어가 감염되는 것을 말합니다. 비말은 지름이 $5\mu m$(1μm는 1000분의 1mm) 이상인 침방울이며, 기침을 하면 약 3000개의 비말이 나온다고 알려져 있습니다. 우리 눈으로는 볼 수 없는 아주 작은 방울이지만 1~5μm 정도 크기인 세균이나, 세균보다도 훨씬 더 작은 바이러스는 충분히 비말 안에 섞여 있을 수 있습니다. 그래서 비말을 타고 병원체가 다른 사람에게 전염되는 것입니다.

비말이 퍼지는 거리에 관해 논란의 여지가 있으나 큰 비말의 경우 중력 때문에 보통 2m 정도를 날아가고 떨어지며, 그래서 사회적 거리 두기의 기준을 2m로 설정하는 것입니다. 물론 비말이 퍼지는 거리는 상황에 따라 많이 달라질 수 있습니다. 예를 들어 실내에 에어컨이나 선풍기를 틀어 놓으면 비말이 바람을 타고 더 멀리 퍼질 수가 있습니다. 그래서 실내에서는 다른 사람과 2m 이상 떨어져 있다고 해서 안심해서는 안 되며, 부주의하게 기침을 하지 않고 마스크를 착용하는 일이 중요합니다. 또한 감염자의 비말이 묻은 물건을 다른 사람이 만진 경우에도 전염이 일어날 수 있다는 점도 유의해야 합니다. 물건에 부착된 감염자의 비말이 다른 사람의 손에 묻고, 그런 손으로 코나 입을 만진다면 병원체가 인체 내로 들어갈 수 있게 됩니다.

공기 전파

일부 전염병은 비말보다 더 작은 침방울인 에어로졸을 타고 전염되기도 하는데, 이런 경우 공기 전파가 일어난다고 이야기합니다. '에어로졸(연무질, aerosol)'은 $5\mu m$보다도 작은 아주 미세한 액체 방울을 가리킵니다. 에어로졸은 중력의 영향을 받아 곧 바닥으로 떨어지는 비말과는 달리 작고 가볍기 때문에 공중에 한참 떠 있을 수 있습니다. 그래서 바이러스가 포함된 에어로졸이 2m를 훌쩍 넘겨 10m 이상 퍼져 나갈 가능성도 있습니다.

다행히도 공기 전파가 일어나는 전염병은 많지 않습니다. 에어로졸은 매우 작기 때문에 비말에 비해 매우 적은 수의 바이러스만 포함되어 있기 때문입니다. 그래서 에어로졸을 흡입한다고 해도 바이러스 수가 질병을 일으키기에 충분하지 않은 경우가 대부분입니다. 하지만 뒤집어 말해 적은 수로도 질병을 일으킬 수 있는 바이러스는 매우 강력한 전염력을 보입니다. 현재 공기 전파가 된다고 알려져 있는 전염병은 홍역, 수두, 천연두, 결핵 등이 있습니다. 다행히 천연두는 박멸 상태이지만, 다른 전염병들은 한 번 유행하면 매우 빠른 속도로 전염이 일어납니다.

공기 전파로 인한 높은 전염력을 보여주는 대표적인 전염병은 홍역입니다. 백신이 도입되어 인구 대부분이 면역을 가지게 되면 전염병의 유행이 크게 줄어드는 것을 집단 면역이라고 하는데 집단 내에서 몇 %의 사람이 후천 면역을 가지고 있어야 집단 면역이 형성되는지는 전염병마다 다릅니다(후천 면역에 대해서는 나중에 다시 설명하겠습니다). 천연두의 경우 인구의 70~80%에게 후천 면역이 있다면 나머지 20~30%도 천연두에 잘 걸리지 않게 됩니다. 병원체가 면역이 없는 사람을 찾아 감염시켜야 유행이 지속되는데, 대부분의 사람이 면역을 가지고 있으니 옮겨 갈 사람을 찾지 못하는 것이지요. 일반적으로는 70% 전후가 집단 면역의 기준으로 알려져 있습니다.

하지만 홍역은 인구의 95% 이상이 면역을 가지고 있어야만 집단면역이 된다고 합니다. 우리나라에서 2000~2001년까지 일부 지역에서 홍역이 유행한 적이 있는데, 91%의 인구가 면역을 가지고 있었는데도 5만 5000명 정도의 환자가 발생했습니다. 면역을 가지지 않은 사람은 9%에 불과했는데도, 그 9% 내에서 전염이 일어난 것입니다. 공기 전파의 무시무시함을 잘 보여 주는 사례라고 할 수 있겠습니다.

비말과 에어로졸 전파의 차이

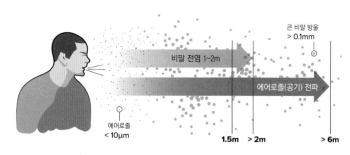

비말 전염
- 감염자가 기침하거나 재채기할 때 나오는 침방울에 바이러스가 묻어 전파.
- 접촉자 위주로 전염.
- 관련 질병: 신종 코로나, 사스, 메르스, 독감
- 방역: 밀접 접촉자 조기 격리 검사, 마스크, 손 씻기

에어로졸(공기) 전파
- 바이러스가 공기 중에 떠다니는 미립자 형태로 퍼져서 전파
- 공간 내 있는 사람에게 대량 전파
- 관련 질병: 홍역, 결핵, 수두
- 방역: 감염자 회피, 에어필터 마스크, 환기

음식물을 통한 전파

전염병이 병원체에 오염된 물이나 음식물을 통해 감염되는 경우도 있습니다. 특히 상하수도 시설이 제대로 갖추어지지 않았던 예전에는 오염된 물을 통해 전염병이 퍼지는 일이 흔했습니다. 감염된 사람의 배설물이 유입된 물을 식수원으로 이용하면 병원체가 그 물을 마신 사람에게 전염되는 것이지요. 심한 설사를 일으

켜 감염된 사람을 탈수 상태로 만드는 콜레라가 바로 물을 통해 전파되는 전염병 중 하나입니다.

콜레라가 오염된 물을 통해 전염된다는 점을 밝힌 사람은 영국 빅토리아 여왕 시대의 의사 존 스노우(John Snow, 1813~1858)입니다. 스노우는 원래 내과 의사였지만, 런던 소호 지역에서 발생한 콜레라의 전파 경로를 알아내 역학(疫學, 전염병의 예방이나 제압의 방법을 구하는 의학)의 선구자로 일컬어집니다. 당시 런던에서는 도시에서 사용한 하수가 상수도로 유입되어 오염되는 일이 잦았습니다. 하지만 사람들은 콜레라의 원인이 물의 오염 때문이라고는 생각하지 못하고 나쁜 공기 때문이라고 믿었기 때문에 효과적인 대비책을 세우지 못했습니다.

그러던 와중에 스노우는 콜레라가 퍼진 지역이 어디인지, 어디서 몇 명이나 사망했는지를 지도에 정리하며 콜레라가 퍼지는 패턴을 찾았습니다. 바로 '감염 지도'를 만든 것입니다. 이를 통해 스노우는 콜레라가 물을 길어 올리는 펌프를 중심으로 퍼졌다는 점을 발견해 냅니다. 상하수도의 오염이 콜레라 전염의 원인이라는 강력한 증거였지요. 게다가 이 생각을 입증할 추가적인 발견도 있었습니다. 펌프 주변에 살아도 그곳의 물을 마시지 않은 사람은 콜레라에 걸리지 않았고, 펌프와 멀리 살아도 그곳의 물을 마신 사람은 콜레라에 걸렸던 것입니다. 당시에는 아직 세균이 질병을 일으킨다는 사실이 알려지지 않았기에 스노우는 오염된 물이 정확히 어떤 인과관계를 거쳐 콜레라를 일으키는지 까지는 파악하지 못했습니다. 그래도 스노우가 찾아낸 패턴이 매우 뚜렷했기 때문에 결국 지역 이사회는 스노우의 이야기를 받아들여 펌프를 폐쇄합니다.

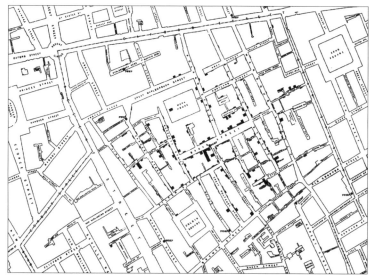

존 스노우의 콜레라 지도. 콜레라가 발생한 지역을 표시해 놓았다.

나중에 스노우의 주장을 입증하기 위해 추가적인 조사가 있었습니다. 이때 콜레라가 처음 발병한 집의 배설물 처리 시설이 펌프의 저수조와 상당히 가까웠고, 그 사이의 벽이 배설물로 오염되어 있었음이 확인되었습니다. 즉, 처음 발병한 사람의 배설물에 있었던 세균이 펌프의 저수조를 오염시켰고, 그 펌프의 물을 마신 사람들이 콜레라에 감염이 되었던 것입니다. 스노우의 발견 이후 현재에는 대부분의 도시가 상수도와 하수도를 엄격하게 분리하고 있으며 상수도에 살균 과정을 도입하는 등 물의 오염을 막는 노력에 힘을 쏟고 있습니다.

접촉을 통한 전파

병원체에 감염된 사람이 쓰던 물건에 접촉하는 경우에도 병원체가 전파될 수 있습니다. 감염자의 신체 곳곳이나 체액에는 해당 병원체가 존재합니다. 그래서 감염자가 쓰던 물건에 병원체가 묻어 그 물건을 사용한 사람에게 옮겨갈 수 있는 것입니다. 그리고 직접적인 신체 접촉을 하는 경우, 병원체가 옮겨가기 훨씬 쉽습니다. 접촉을 통해 전파되는 전염병의 예로는 유행성 눈병과 성병이 있습니다. 눈병이 유행하는 시기에 눈을 비비지 말라는 이야기를 많이 들어 보셨을 겁니다. 눈병 환자와 함께 생활을 하다 보면 신체 접촉을 통해서든 물건을 통한 간접적인 접촉을 통해서든 손에 병원체가 묻게 되고, 이 상태에서 눈을 비비면 병원체가 눈으로 옮겨가기 때문입니다. 성적인 접촉을 통해서 전파되는 성병들도 마

결막염을 일으키는 원인 중 하나인 아데노바이러스(Adenoviridae).

찬가지입니다. 질이나 음경 혹은 그 주변 부위에 있는 병원체가 신체 접촉을 통해 다른 사람에게 옮겨 가는 것입니다.

중간 숙주를 통한 전파

어떤 전염병은 사람과 사람 사이에서 직접 퍼지는 것이 아니라 다른 생물을 거쳐서 퍼지기도 합니다. 그 병에 걸린 사람에게서 다른 생물로 병원체가 옮겨 가고, 다시 그 생물에서 다른 사람으로 병원체가 옮겨 가는 방식입니다. 이렇게 전염병을 옮기는 매개체 역할을 하는 생물을 '중간 숙주'라고 부릅니다. 대표적인 중간 숙주로는 말라리아, 황열병, 뎅기열, 일본 뇌염 등을 옮기는 모기가 있습니다. 이런 병에 걸린 사람들의 혈액에는 해당 병을 일으키는 병원체가 있는데 모기가 빤 혈액을 타고 옮겨 갔다가 그 모기에 물린 다른 사람에게 전염되는 것입니다. 모기 외에도 쥐, 벼룩, 체체파리(아프리카 흡혈 파리) 등이 중간 숙주 역할을 합니다.

다행히도 모든 병이 중간 숙주를 통해 전파되지는 않습니다. 중간 숙주를 통한 전파가 이루어지려면 병원체가 해당 중간 숙주의 몸 안에서도 살 수 있어야 하기 때문입니다. 그런데 생물마다 신체 구조와 면역 체계가 다 다르기 때문에 사람의 몸에서는 쉽게 증식하면서 병을 일으키는 병원체가 다른 생물의 몸에서는 잘 증식하지 못할 수도 있습니다. 예를 들어 말라리아를 일으키는 병원체는 모기의 몸에서 살 수 있지만 감기 바이러스는 그럴 수 없습니다. 그래서 모기가 감기를 옮기지는 못하는 것입니다.

면역

병원체가 인체에 침입한다고 해서 꼭 병에 걸리는 것이 아닙니다. 우리 몸은 수많은 병원체에 맞서 스스로를 지키는 방어 체계를 갖추고 있는데, 이를 '면역'이라고 부릅니다. 면역은 크게 선천 면역과 후천 면역으로 나누어집니다. 선천 면역은 병원체의 종류와 상관없이 즉각 발동되는 면역으로 여러 단계로 이루어져 있습니다. 병원체가 인체 내로 침투하는 것을 물리적으로 막는 피부와 점액이 선천 면역의 1단계 방어선이라고 할 수 있습니다. 그리고 피부에서 분비되는 땀이나 피지에 약한 산성 물질이 있어서 병원체를 죽이기도 합니다. 또한 눈물, 침, 위산 등의 분비물에도 병원체를 죽이는 역할을 하는 물질이 들어 있습니다. 이런 방어선을 뚫고 병원체가 인체 내로 들어오더라도, 병원체를 먹어치우는 대식 세포 등 여러 가지 면역 세포가 감염을 저지합니다.

선천 면역은 다양한 종류의 병원체에 대응할 수 있고, 병원체의 침입을 곧바로 저지한다는 장점이 있습니다. 하지만 일부 병원

피부에 의한 면역 작용

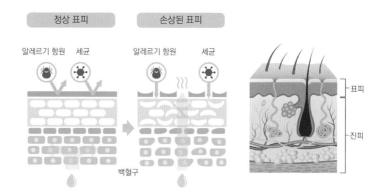

피부가 손상되면 병원체가 들어와 체내 방어작용이 시작된다.

각질화된 표피 세포층으로 병원체가 침입하기 어려운 방어벽을 형성한다.

체는 선천 면역을 돌파하고 인체 내에서 증식해 질병을 일으킵니다. 이런 단계까지 오면 특정 병원체를 집중적으로 공격하는 후천 면역이 작용하기 시작합니다. 후천 면역의 핵심은 병원체에 결합해서 병원체를 무력화시키는 항체를 만들어 내는 것입니다.

항체는 Y자 모양으로 생긴 단백질인데, Y자의 양팔 쪽이 병원체의 구조에 잘 들어맞는 형태로 만들어집니다. 예를 들어 코로나바이러스에 대한 항체는 코로나바이러스의 외피에 잘 달라붙는 모양입니다. 그래서 병원체가 인체에 침입하면 항체가 그 병원체에 달라붙어 병원체를 무력화합니다. 병원체가 인체 내에 침입한 뒤 항체가 생길 때까지 시간이 어느 정도 걸리지만, 병원체에 대한 정보가 기억 세포에 저장되어 있기 때문에 똑같은 병원체가 나

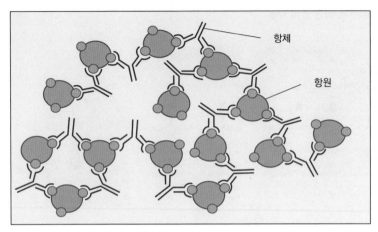

항원-항체 반응. 항체가 병원체(항원)에 엉겨 붙어 무력화한다.

중에 또 침입하면 항체가 즉각적으로 생성되어 질병이 심해지기
전에 병원체를 무찌를 수 있습니다.

후천 면역은 다소 느리게 발동된다는 단점이 있지만, 무척 강
력하기 때문에 일단 작용하기 시작되면 병원체를 효과적으로 물
리칠 수 있습니다. 게다가 앞에서 설명했듯이 특정 병원체에 대한
항체가 일단 생성되면 그 정보가 기억 세포에 저장되어 나중에 다
시 그 병원체가 침입하더라도 곧바로 항체를 만들 수 있게 됩니다.
예를 들어 수두는 어린 시절에 걸리고 나면 성인이 되어서도 잘
걸리지 않습니다. 어린 시절에 수두에 걸리면 수두바이러스에 대
한 항체가 형성되고 그 정보가 저장되어서, 성인이 된 후 수두바
이러스가 다시 침입하더라도 곧바로 항체를 생산해 낼 수 있기 때
문입니다.

이런 점을 이용해 후천 면역을 인위적으로 발동시키는 의약품이 바로 백신입니다. 백신은 병을 일으키지는 못할 정도로 약화된 병원체 또는 병원체의 일부 등을 인체에 주입해 후천 면역을 생성하는 것입니다. 일단 후천 면역을 만들어 놓으면 나중에 실제로 병원체가 침입하더라도 즉각 후천 면역이 발동되어 병에 걸리지 않을 가능성이 커집니다.

감염력과 독성의 지표
- 치사율과 감염재생산지수

치사율은 병에 감염되어 사망한 사람의 수를 병에 감염된 사람 수로 나눈 값입니다. 예를 들어, 100명이 병에 걸렸는데 그중에서 2명이 사망했다면 그 병의 치사율은 2%가 됩니다. 치사율은 병이 얼마나 심각한지 외에도 다른 많은 요인에 의해 정해집니다. 예를 들어 노인에게는 치명적이지만 젊은이들에게는 그리 심각하지 않은 병의 경우, 노인들이 많이 걸린 지역과 젊은이들이 많이 걸린 지역의 치사율이 달라지겠지요. 그리고 병에 걸렸다는 기준을 어떻게 잡는지, 얼마나 많은 사람들을 검사했는지에 따라서 달라질 수도 있습니다. 비교적 심한 증상이 나타난 사람들만을 대상으로 검사할 경우, 그 사람들 중에 사망자가 나올 가능성이 높아집니다. 하지만 무증상자도 포함해서 검사를 많이 했을 경우, 증상이 나타난 사람의 비율은 적어지고 이에 따라 치사율도 낮게 측정이 됩니다. 그리고 효과적인 치료제의 유무도 영향을 줍니다. 똑같은 정도의 독성을 가진 병에 걸렸더라도 좋은 치료제가 있다면 사망할 가능성이 크게 낮아지겠지요. 결론적으로 독성이 같더라도 유행한 지역의 인구 구성, 보건 환경 등에 따라서 치사율이 달라질 수 있습니다. 그러므로 치사율이 낮다고 무조건 독성이 약한 병은 아니고, 높더라도 무조건 강한 병은 아닐 수 있습니다.

감염재생산지수는 감염자 1명이 평균적으로 감염시키는 사람의 수를 나타낸 것입니다. 감염재생산지수를 구하면 전염병이 확대될 것인지 아니면 줄어들 것인지 어느 정도 예상을 할 수 있게 됩니다. 감염재생산지수가 1 이상이라면 감염자 1명이 1명 이상을 감염시킨다는 것이므로 감염자가 더 늘어날 것입니다. 반면 1 미만이라면 감염자가 점점 줄어들겠지요.

감염재생산지수는 측정 방식에 따라 기초감염재생산지수와 실질감염재생산지수로 나눌 수 있습니다. 기초감염재생산지수는 면역이 없는 인구 집단에서 전염병이 발생하고 그 전염병에 대한 대응이 아직 시작되지 않았을 때의 감염재생산지수를 의미합니다. 즉, 전염병이 가지고 있는 기본적인 감염력을 의미합니다. 한편 실질감염재생산지수는 전염병에 대한 대응 상황에 따라서 달라지는 값입니다. 철저한 사회적 거리 두기를 실시하여 사람들 간의 접촉이 줄어든다면 실질감염재생산지수는 기초감염재생산지수보다 떨어질 것입니다. 백신 접종률이 올라가거나 위생 수준이 개선되는 경우에도 그럴 것입니다. 앞에서 공기 전파가 일어나는 대표적인 전염병으로 언급한 홍역의 경우, 기초감염재생산지수가 12~18입니다. 아무런 대응을 하지 않는다면 감염자 1명이 평균 12~18명을 전염시킨다는 것입니다. 하지만 백신 접종을 통해 인구 대다수에게 면역이 형성되었다면 실질감염재생산지수는 1 미만으로 떨어지고 감염자 수가 점점 줄어들게 됩니다.

전염병의 독성과 감염재생산지수는 대체로 반비례 관계입니다. 독성이 강한 전염병은 전염력은 약한 경향이 있고, 전염력이 강한 전염병은 독성이 약한 경향이 있습니다. 독성이 너무 높은 경우, 환자가 다른 사람에게 병을 전염시키기 전에 사망하거나 심하게 아파서 외부 활동을 못하기 때문입니다. 에볼라가 그 대표적인 예로, 치사율이 50% 이상인 매우 강력한 질병이지만 2014년 이전까지는 그다지 널리 퍼지지 않았습니다. 일부 지역에서만 출현하여 소규모의 마을에서 순식간에 다수의 사망자를 낸 뒤 사라졌기 때문입니다. 2014년에 에볼라가 크게 유행했던 것은 도로 개발로 아프리카 오지 마을들도 연결이 되고, 환자들이 도시로 쉽게 이동할 수 있게 되었던 환경 변화에 기인합니다.

만약 독성과 전염력이 모두 강한 병원체가 출현하더라도 시간이 지남에 따라 독성은 점점 약해지는 경향이 있습니다. 사람마다 외모와 성격이 조금씩 다르듯이 병원체도 개체마다 독성이 다른데, 독성이 강한 개체는 숙주가 금방 죽기 때문에 널리 퍼지지 못하고 독성이 약한 개체가 주로 퍼져서 결국에는 독성이 약한 개체가 점점 많아지기 때문입니다. 다만 이것은 대략적이고 장기적인 경향일 뿐이고, 시간이 지나도 전염력과 독성이 계속 강하게 유지되는 경우도 얼마든지 존재합니다.

꼭 꼭 씹어 생각 정리 하기

★ 전염병은 의학적인 문제이기도 하지만 많은 사람들에게 퍼져 나가면
서 각종 사회 활동을 제약한다는 점에서 사회적인 문제이기도 합니
다. 전염병이 사회에 끼치는 영향은 무엇이 있을까요?

★ 스노우 이전에는 콜레라가 저수조를 따라 퍼진다는 점을 알지 못했습
니다. 왜 그 이전 사람들은 스노우처럼 '콜레라 지도'를 만들어 콜레라
의 전파 경로를 알아낼 생각을 하지 못했을까요?

★ 전염병의 전파 방식으로는 비말 및 공기 전파, 음식물을 통한 전파,
접촉을 통한 전파, 중간 숙주를 통한 전파 등이 있습니다. 각 전파 유
형마다 우리는 어떤 예방 노력을 기울여야 할까요?

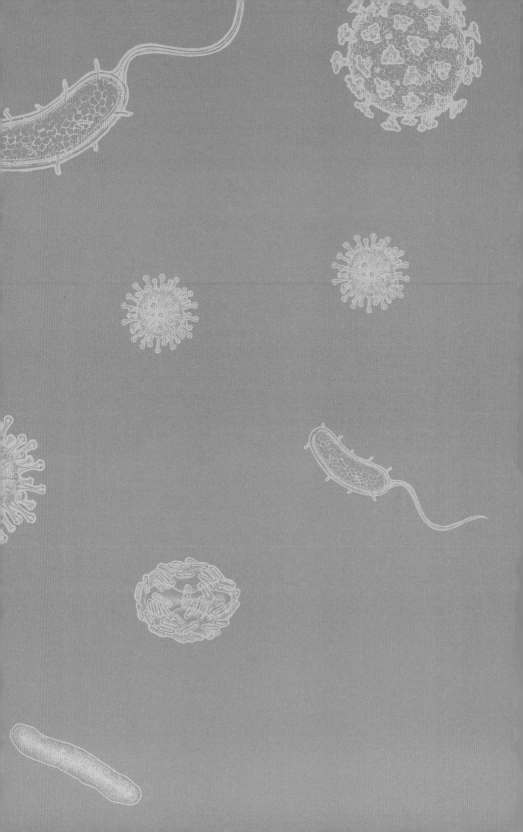

2부

주요 전염병

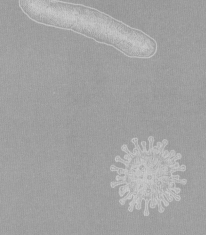

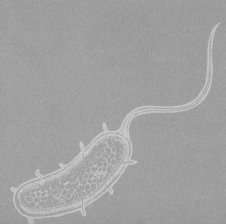

말라리아

어려운 일로 고생한다는 의미의 '학을 떼다'라는 표현이 있습니다. 여기서 '학(瘧)'이 바로 말라리아를 가리키는 말입니다. 그만큼 말라리아는 걸리면 고생한다는 뜻이겠지요. 이처럼 말라리아는 옛날부터 무시무시한 질병의 대명사였고, 현재도 매우 널리 퍼

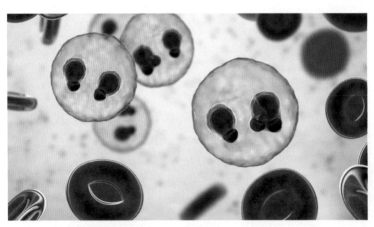

말라리아에 감염된 적혈구 이미지.

진 전염병 중 하나입니다. 세계보건기구에 따르면 2019년에도 2억 2900만 명이 새로 감염되었고, 그중 40만 명 이상이 사망했다고 합니다. 신규 감염자의 94%는 아프리카, 3%는 동남아시아일 정도로 주로 열대 및 아열대 기후를 보이는 지역에서 창궐하고 있습니다.

우리나라에서 발생하는 말라리아는 열대 지방의 말라리아에 비해 약한 편이고 치료가 쉬운 편입니다. 사실 우리나라의 말라리아는 1979년에 박멸되었는데, 15년 뒤인 1994년 휴전선 인근 지역에서 다시 환자가 발생하였고 그 이후로도 매년 몇백 명 정도의 환자가 발생하고 있습니다. 우리나라에 말라리아가 다시 나타

말라리아 주요 발생 지역.

난 이유는 북한에서 말라리아가 창궐하고 있기 때문으로 보입니다. 말라리아는 말라리아 원충이라는 미생물에 의해 생기는데 모기가 말라리아 원충을 다른 사람에게 퍼뜨리는 역할을 합니다. 북한에서 말라리아를 옮기고 다니던 모기가 남한으로 내려와 감염시킨 것이지요.

그래도 우리나라에서는 휴전선 인근의 한정된 지역에서, 비교적 위험성이 낮은 종류만 발병하기 때문에 말라리아로 인해 치명적인 상황이 생기는 일은 드뭅니다. 하지만 말라리아가 있는 지역으로 해외여행을 가려면 반드시 예방약을 먹어야 합니다. 지역에 따라 말라리아 원충이 특정 예방약에 면역이 있는 경우가 있으니 여행을 가기 최소 2주 전에 병원에서 상담을 해보고 알맞은 약을 복용하는 것이 중요합니다.

병원체 및 감염 경로

말라리아 원충은 단세포 생물이어서 세균과 비슷해 보이지만 세균과는 다르게 세포 안에 핵을 갖추고 있는 진핵생물입니다. 그리고 굉장히 특이하고 복잡한 방식으로 증식합니다. 사람과 모기에 기생을 하는데 사람의 몸에서는 무성 생식을 하고, 사람이 모기에 물려 모기의 몸으로 옮겨가면 유성 생식을 합니다. 그리고 모기가 다른 사람을 물면 다시 사람에게 전파되는 식으로 전염이 이루어집니다. 말라리아 원충에는 여러 종류가 있지만 이 중 사람에게 말라리아를 일으키는 원충은 다섯 종류입니다.

말라리아 원충이 인체에 처음 들어 올 때는 포자 소체 (sporozoite)라는 형태로 들어옵니다. 포자 소체는 모기가 물 때 들어 오니 대부분 혈관 속에 있게 됩니다. 대부분의 포자 소체는 백혈 구에게 잡아먹혀 제거되지만 일부 포자 소체는 간으로 들어갑니 다. 그리고 간에서 분열 소체(merozoite)로 성숙하게 되지요. 이 동안 은 잠복기입니다. 그 다음 간세포를 터뜨리면서 밖으로 나와 혈액 속으로 퍼져나간 뒤, 적혈구 속으로 들어갑니다. 그리고 산소를 운 반하는 역할을 하는 '헤모글로빈'이라는 단백질-철 복합체를 먹고 증식을 합니다. 적혈구에서 충분히 증식하면 적혈구를 파괴하면 서 혈액 속으로 퍼져 나가 다른 적혈구에 침입해 같은 과정을 반 복합니다.

적혈구에서 증식하던 분열 소체 중 일부는 생식모체가 되는데 생식모체는 암수 구분이 있습니다. 생식모체는 모기가 사람의 피 를 빨 때 모기로 옮겨가서, 모기의 몸속에서 암수가 결합합니다. 결합한 생식모체는 포자 소체가 되고, 그것이 다시 사람에게 옮겨 가면 감염을 일으키게 되는 것입니다.

말라리아 원충의 생활사

① 말라리아 원충이 암컷 모기 장내에서 포자 소체로 발생해 타액 선으로 이동.

② 모기에 물리면 포자 소체가 혈류를 통해 간으로 이동.

⇒ 포자 소체

③ 포자 소체는 간에서 무성적으로 증식.

⇒ 포자 소체

④ 분열 소체는 적혈구를 침략하여 증식하고 말라리아 발병.

⇒ 분열 소체

⑤ 간에서 증식.

⑥ 분열 소체는 암수접합자모세포로 혈류에 방사.

⇒ 적혈구 내의 수컷 접합자모세포

⑦ 암컷 모기에 물리면 혈액 속의 접합자모세포가 생식을 하는 배

우자로 성숙 결합하여 접합자를 이룸.

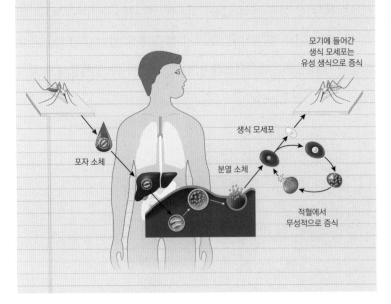

말라리아와 DDT

말라리아를 박멸하는 가장 유효한 방법은 말라리아를 퍼뜨리는 모기를 퇴치하는 것입니다. 원충이 다른 사람에게 옮겨가지 못하게 되어 전염이 일어나지 않게 되지요. 그래서 이러한 모기를 퇴치하는 방법이 여러 가지로 연구되어 왔습니다. 그중에서 매우 강력한 효과가 있었지만 동시에 수많은 부작용으로 인해 논란을 낳은 방식이 있습니다. 살충제인 DDT를 쓰는 것입니다. 1874년에 처음 합성된 DDT는 1900년대 중반에 살충 효과가 있다는 점이 알려지며 모기를 통해 전염되는 말라리아, 뎅기열 등의 전염병을 막기 위해 널리 사용하게 되었습니다. DDT의 살충 효과는 매우 강력해서 전염병의 확산을 막는 데 크게 기여했을 뿐만 아니라 한동안 부작용도 알려져 있지 않았습니다. 효과도 강력한데 인체에 해

사람 머리에 DDT를 직접 뿌리는 모습.

도 없는, 그야말로 '꿈의 살충제'로 각광을 받았지요. 그래서 전 세계적으로 강가, 풀숲 등 모기가 많이 사는 곳에 엄청난 양이 살포되었습니다. 심지어 사람 몸에 붙어 기생하는 진드기나 이를 없애기 위해 DDT를 인체에 직접 뿌리는 일도 흔했습니다.

살충제 DDT의 두 얼굴

하지만 오래 지나지 않아 DDT가 사람의 건강과 생태계에 악영향을 끼친다는 점이 발견되었습니다. 사람에게는 암을 유발할 가능성이 있다고 알려져 있고(아직 확실하게 입증되지는 않았습니다), 새에게는 칼슘 부족을 일으켜 알이 쉽게 깨지게 만듭니다. 이 때문에 달걀을 생산하는 농가에는 큰 피해를 끼칩니다. 게다가 DDT는 자연에서 잘 분해가 되지 않습니다. 강가에 뿌린 DDT가 분해되지 않고 강을 따라 떠내려가 바다에 사는 새우와 물고기에게 악영향을 끼친 사례도 있습니다. 분해라도 빨리 된다면 그나마 다행일 텐데 DDT는 뿌려진 흙이나 물에 몇 년에서 몇십 년이나 계속 남아 생태계에 악영향을 끼치는 것입니다. 1979년 이후 사용이 금지된 우리나라에서도 무려 40년 가까이 지난 2017년에 양계장에서 기른 닭이 낳은 달걀에서 DDT 성분이 발견되어 큰 충격을 준 일도 있었습니다.

그리고 분해가 잘 되지 않는다는 점 때문에 '생물 농축'이라는 현상을 일으킵니다. 생물 농축이란 잘 분해되지도 않고 잘 배출되지도 않는 물질이 생물 내에 남아서 그 생물을 먹은 포식자에게 축적되는 현상을 뜻합니다. 물론 그 포식자를 먹은 상위 포식자에게도 축적되기 때문에 먹이 사슬의 상위 단계로 갈수록 농도가 짙어지게 됩니다. 예를 들어 모기 몸에 DDT가 들어가면 그 모기를 잡아먹은 작은 새에게 DDT가 축적됩니다. 그리고 DDT는 생물의 지방에 쌓이는 경향이 있어, 그 새가 모기를 많이 잡아먹을수록 점점 새의 지방에는 DDT가 쌓여갑니다. 그리고 작은 새를 독수리, 매 등의 큰 새가 잡아먹으면 똑같은 현상이 큰 새의 몸속에서도 일어납니다. 상위 포식자일수록 생물 농축이 심해지기 때문에 독수리나 매 같이 먹이 사슬의 최상위에 위치한 새들은 DDT의 영향을 크게 받게 됩니다. 실제로 DDT의 과도한 살포가 1950~1960년대에 독수리나 매의 수가 줄어든 주된 원인이라고 알려져 있습니다.

결국 1972년 미국을 기점으로 세계적으로 사용이 금지되기 시작했습니다. 그런데 DDT의 사용이 금지되자 이번에는 새로운 문제가 생겼습니다. 모기가 다시 늘어나 말라리아가 다시 퍼지기 시작한 것입니다. 미국이 DDT 사용을 금지한 뒤 4년 만에 전 세계에서 말라리아 발생 건수가 두 배 이상 증가할 정도였습니다. 그리고 이 문제는 아직도 해결되지 않아 지금도 매년 2억 명 이상이 말라리아에 감염되고 있습니다. 결국 말라리아 문제가 심각한 일부 국가에서는 DDT를 다시 사용하고 있습니다. 물론 예전처럼 아무 곳에나 무차별적으로 살포하지는 않고 모기가 들어올 만한 곳에 바르는 식으로 사용하고 있습니다. DDT로 인한 건강 문제와 생태계 파괴, 말라리아로 인한 위협 사이에서 타협점을 찾아 사용하는 것입니다.

한편으로 DDT를 완전히 대체하는 말라리아 퇴치 방법도 연구되고 있습니다. 그중 하나는 유전자 조작 모기를 이용하는 것입니다. 유전자를 조작한 수컷 모기와 암컷 모기 사이에서 새로 태어난 암컷 유충은 죽고 수컷 유충만 살아남아 그 유전자를 계속 가지고 있게 합니다. 그러면 그 수컷 유충이 성충이 되어 같은 일이 반복될 것입니다. 결국 암컷 모기의 수가 점차 줄어들면서 모기가 번식을 하지 못하게 됩니다. 그러나 조작된 유전자가 어떤 다른 효과를 나타낼지 모르고, 모기를 잡아먹고 사는 다른 동물들이 먹이 부족으로 생태계가 교란될 가능성이 있어 이 방법은 아직 적극적으로 도입하지 못하고 있습니다. 다른 한편으로 말라리아 감염을 막는 백신도 연구되고 있습니다. 하지만 말라리아 원충이 사람과 모기를 오가는 특이한 생활 방식을 가지고 있기 때문에 효과적인 백신 개발이 쉽지 않다고 합니다.

말라리아와 노벨상

말라리아가 워낙 오랫동안 인류를 괴롭혀온 질병이다 보니 말라리아와 관련된 연구로 노벨생리의학상이 현재까지 1902년, 1907년, 2015년 세 번이나 수여되었습니다. 1902년과 1907년의 노벨상은 말라리아의 원인을 연구한 과학자들에게 수여되었고, 2015에는 말라리아 치료제를 개발한 과학자에게 돌아갔습니다.

먼저 1907년의 두 번째 노벨상과 관련된 연구부터 살펴보겠습니다. 1902년의 노벨상 수상 연구는 이 연구를 바탕으로 하고 있기 때문입니다. 1907년의 수상자는 프랑스의 샤를 루이 알퐁스 라브랑(Charles Louis Alphonse Laveran, 1845~1922)입니다. 라브랑의 업적은 말라리아의 발생 원인이 말라리아 원충이라는 점을 알아냈다는 것입니다. 라브랑의 발견 전에는 세균이 병을 일으킨다는 점이 알려져 있었지만, 원충이 병을 일으킬 수 있다는 점은 알려져 있지 않았습니다. 게다가 환자의 혈액을 현미경으로 살펴봐도 말라리아 원충의 모습은 잘 보이지 않기 때문에 말라리아의 원인을 쉽게 찾을 수 없었습니다. 이런 상황에서 라브랑은 혈액에서 이물질을 염색하는 법을 개발해 원충 발견에 성공합니다. 이 덕분에 말라리아에 대한 연구가 큰 진전을 이루었을 뿐만 아니라 세균이 아닌 원충이 감염성 질병을 일으킬 수 있다는 점도 알게 되어 전염병 연구에 탄력이 붙었습니다.

다만 라브랑은 말라리아 원충이 인체 내로 어떻게 들어오는지는 밝혀내지 못했고, 모기를 통해 전파되는 것이 아닐까 하는 추측만 하고 있었습니다. 이 추측을 입증한 것이 말라리아와 관련된 첫 번째 노벨상의 주인공인 영국의 로널드 로스(Ronald Ross, 1857~1932)입니다. 로스는 말라리아에 걸린 환자들을 물었던 모기의 몸속에서 말라리아 원충이 살고 있는지 관찰해 보았습니다. 말라리아 환자의 피를 빤 모기 몸속에 원충이 있다면, 말라리아 환자에게서 모기로 원충이 옮겨갈 수 있다는 강력한 증거이기 때문입니다.

로스는 한동안 모기에서 원충을 발견하지 못했는데 모든 종류의 모기가 말라리아를 옮기는 것은 아니기 때문이었습니다. 그래도 포기하지 않고 관찰을 지속한 결과, 갈색얼룩날개모기라는 모기에서 원충이 자란다는 점을 확인했습니다. 그리고 말라리아에 걸린 새를 통한 실험에서 말라리아 원충이 새에서 모기로 옮겨가 모기에서 자란다는 점을 발견했습니다. 다만 로스는 새와 모기 사이의 말라리아 원충의 이동만 발견했을 뿐, 사람 사이의 전염도 모기를 통해서 일어난다는 점까지 밝히지는 못했습니다. 이를 알아낸 사람은 이탈리아의 바티스타 그라시(Giovanni Battista Grassi, 1854~1925)입니다. 하지만 그라시는 정치적 상황으로 인해 노벨상을 수상하지는 못했습니다.

2015년의 노벨상 수상자는 중국의 투유유(屠呦呦, 1930~)입니다. 투유유는 중국에서 전통적으로 약용으로 쓰였던 식물인 개똥쑥에서 아르테미시닌(artemisinin)이라는 물질을 정제해 내고, 이 물질이 말라리아에 효과가 있음을 보인 업적으로 노벨상을 받았습니다. 개똥쑥은 중국 전통의학서에 열을 내리고 말라리아를 치료한다고 기록되어 있었습니다. 투유유는 그 의학서를 참고해 아르테미시닌을 추출하는데 성공했습니다. 현재는 개똥쑥에서 직접 추출하기보다 효모를 사용해 합성하는 방법이 개발되어 있습니다. 개똥쑥에서 추출하기 위해서는 개똥쑥을 재배해야 하기 때문에 대량 생산에 어려움이 있지만, 효모를 사용하면 보다 쉽게 대량

생산을 할 수 있기 때문입니다. 이 덕분에 아르테미시닌은 비교적 싼 가격에 널리 보급되고 있습니다.

개똥쑥 잎 / 아르테미시닌의 분자 구조. © 동아사이언스

아르테미시닌이 말라리아 원충을 죽이는 과정이 정확히 알려져 있지는 않습니다. 현재 알려진 것은 아르테미시닌이 적혈구 속에서 화학적으로 변형되어 원충을 죽일 수 있게 된다는 것인데, 정확히 어떤 과정을 거쳐 변형되는지는 불분명합니다. 유력한 가설은 헤모글로빈 또는 헤모글로빈에 결합한 철이 아르테미시닌을 변형시킨다는 것입니다. 그래서 헤모글로빈을 먹고 사는 말라리아 원충만 선택적으로 공격하고, 인체의 다른 부분에는 부작용을 일으키지 않는 것으로 추정되고 있습니다. 투유유의 연구는 완전히 새로운 것을 찾아내거나 합성하는 것이 아니라, 오래 전부터 알려져 있긴 했지만 주목받지 못했던 것을 개량하는 방식으로도 과학

연구가 이루어질 수 있다는 점을 보여 줍니다.

사실은 말라리아와 관련된 업적으로 노벨상을 받은 사람은 한 명 더 있습니다. 1927년 수상자인 오스트리아의 율리우스 바그너야우레크(Julius Wagner-Jauregg, 1857~1940)입니다. 하지만 바그너야우레크는 직접적으로 말라리아에 대한 연구를 한 것이 아니기 때문에, 말라리아에 대한 연구로 상을 받았다고 보기는 힘듭니다. 바그너야우레크의 업적은 매독 환자에게 말라리아를 감염시켜 매독을 낫게 하는 방법을 개발한 것입니다. 매독은 신경계를 손상시켜 정신 질환과 운동 장애를 일으키기 때문에 환자를 죽음에 이르게 할 수 있습니다. 그런데 매독균은 높은 온도에 매우 약하기 때문에 바그너야우레크는 매독 환자들에게 말라리아를 앓게 하여 고열을 유도하면 매독을 치료할 수 있으리라고 생각했습니다. 특히 삼일열 말라리아는 다른 종류의 말라리아나 매독에 비해 훨씬 약해서 치료가 비교적 쉬운 편이므로, 삼일열 말라리아를 앓게 하여 매독을 치료하는 방법을 개발했습니다. 물론 지금은 매독을 치료하는 다른 방법들이 여럿 존재하기에 더 이상 이 방법은 쓰이지 않습니다.

천연두

천연두는 역사상 가장 많은 사람의 목숨을 앗아간 병입니다. 천연두로 인해 사망한 사람의 수는 인류 역사를 통틀어 무려 10억 명에 달한다고 합니다. 중세에 유럽 인구의 1/3의 목숨을 앗아간 페스트나 20세기 초 대유행하면서 수천 만 명의 목숨을 앗아가고 현재도 매년 50만 명 정도가 유명을 달리하게 만드는 인플루엔자도 누적 사망자 수는 천연두에 미치지 못합니다.

천연두 바이러스가 언제부터 나타났는지 확실치는 않습니다. 고대 이집트의 파라오 람세스 5세의 미라에서도 천연두를 앓은 흔적이 있는 것으로 보면 지금으로부터 3천 년 전에도 있었던 것으로 보입니다. 아마 역사책이나 옛날을 배경으로 한 소설 등에서 얼굴에 '곰보 자국'이 있는 인물이 등장하는 것을 본 적이 있을 것입니다. 곰보 자국이 바로 천연두에 걸린 뒤 얼굴에 흉터가 남은 것을 가리킵니다. 천연두에 감염되면 약 12일 정도의 잠복기를 거쳐 바이러스가 혈액 속에 대량으로 퍼져 나가는데 그 과정에서 발열, 근육통, 구토 등을 일으킵니다. 그리고 피부 세포에까지 퍼지면서 온몸에 발진을 일으키기 때문에 그러한 흉터가 남는 것입니다. 사실 흉터만 남고 끝나면 차라리 다행인 편입니다. 천연두의 치사율은 대체로 30% 이상이었다고 할 정도로 일단 걸리면 사망할 확률이 높았고, 살아남더라도 흉터뿐만 아니라 신경계 손상, 시력 상실의 원인이 되는 등 후유증이 만만치 않았습니다. 거기에다가 공기 전파가 가능할 정도로 전염성이 강했습니다.

다행히도 천연두는 1977년 이후 새로운 감염 사례가 발견되지 않아, 인류가 처음으로 완전히 정복한 질병으로 뽑힙니다(뒤에서 이야기하겠지만 위험이 완전히 사라진 것은 아닙니다). 천연두를 몰아낼 수 있었던 이유로는 효과적인 백신이 존재했다는 점과 10년 남짓한 짧은 기간에 집중적으로 이루어진 전 세계적인 박멸 시도가 꼽힙니다.

역사상 처음으로 발명된 현대적 백신도 천연두 백신입니다. 영

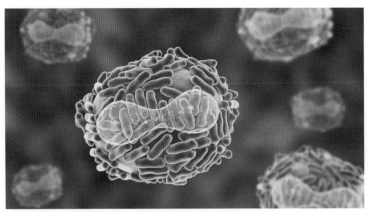

천연두 바이러스 중 하나인 대두창바이러스(variola major) 이미지.

국의 의사였던 에드워드 제너(Edward Jenner, 1749~1823)는 한 시골 마을에서 근무하면서 사람들에게 천연두와 유사한 질병인 우두에 걸렸다가 회복되면 천연두에 걸리지 않는다는 이야기를 들었습니다. 우두는 천연두와 유사한 질병으로 주로 소에게 감염되지만 우유를 짜는 일을 하는 사람들은 소에게서 전염되어 앓기도 합니다. 천연두와 비슷한 증상을 나타내지만, 천연두에 비해 훨씬 약해서 별다른 치료를 하지 않아도 시간이 지나면 저절로 치유되었습니다.

그래서 제너는 사람들에게 의도적으로 우두를 앓게 하면 천연두를 예방할 수 있을 거라는 생각을 했습니다. 이 가설을 확인하기 위해 어릴 적에 우두에 걸린 적이 있다는 노인에게 천연두 환자에게서 나온 고름을 주사해 보았는데, 예상대로 아주 약한 증상만 며칠간 나타났다가 곧 회복됐습니다. 이번에는 추가적인 확인을 위해 아직 우두도 천연두도 앓지 않았던 어린아이에게 우두 고름을 주사하고, 몇 주 뒤에 천연두 고름도 주사해 보았습니다. 결과는 성공적이어서 그 아이는 천연두 고름을 주입받고도 천연두에 감염되지 않았습니다. 이렇게 우두 고름을 접종 받아 천연두를 예방하는 방법은 '우두법'이라는 이름이 붙어 널리 보급되었고 천연두 예방에 크게 기여했습니다.

백신의 기본 원리는 약화된 병원체 혹은 병원체의 일부를 우리 몸에 주입하여 항체라는 물질을 만들도록 하는 것입니다. 우리 몸에 병원체가 들어오면 우리 몸은 그 병원체에 대한 정보를 파악하고, 그 병원체를 물리칠 수 있는 물질인 항체를 만드는 한편 그 정보를 저장합니다. 그러면 다시 그 병원체가 침입했을 때 이미 저장된 정보를 이용해 곧바로 항체를 만들 수 있게 됩니다. 그래서 병원체가 인체에 문제를 일으키기 전에 물리칠 수 있는 것입니다. 사람들에게 우두를 앓게 하여 천연두를 예방하는 것도 이와 똑같은 원리를 이용한 것입니다. 우두 바이러스가 담긴 우두 고름을 주사 받은 사람은 우두 바이러스에 대한 항체가 생기고 그 정보가 저장됩니다. 그리고 우두 바이러스는 천연두 바이러스와 아주 유사한 바이러스이기 때문에, 나중에 천연두 바이러스가 침입했을 때도 항체를 빠르게 형성하여 천연두 바이러스를 격퇴할 수 있게 되는 것입니다.

이렇게 천연두 백신이 만들어졌어도 곧바로 천연두가 완전히 박멸된 것은 아닙니다. 천연두의 전염력이 워낙 강한 탓도 있고, 백신의 효과가 완벽하지 않았던 탓도 있습니다. 천연두 백신을 전 세계 사람 모두가 맞을 정도로 충분히 생산하기 어려웠다는 이유도 있었습니다. 그래서 제너가 천연두 백신을 발명한 후 1900년대 중반까지도 여전히 천연두는 세계적인 골칫거리였습니다. 그러던 중 1960년대 들어와 소련의 제안으로 천연두 박멸 프로젝트가 본격적으로 시작되었습니다. 당시에 소련은 아주 효과적인 백신을 개발하는 데 성공하여 자국 내에서 천연두 감염자가 거의 나오지 않고 있었습니다. 소련 측의 건의를 받아들인 세계보건총회는 글로벌적인 천연두 박멸 프로젝트를 시작하기로 했고 소련, 미국, 세계보건기구(WHO)의 지원으로 세계 각국에 엄청난 양의 백신이 보급됩니다.

　이 프로젝트에서는 '고리 접종(ring vaccination)'이라는 방식으로 백신 접종이 이루어져 큰 효과를 냈습니다. 고리 접종은 천연두 감염자가 나온 지역을 둘러싼 지역에 있는 모든 사람들에게 백신을 접종하여 천연두가 다른 지역으로 퍼져 나가는 것을 막는 방법이었습니다. 감염자가 나온 지역을 모두 백신 접종 지역으로 포위하여 바이러스가 퍼져 나갈 구멍을 만들지 않는 것입니다. 이 방법이 효과를 거두어 1977년 소말리아에서 마지막 감염자가 나온 것을 끝으로 천연두는 지구상에서 박멸되었습니다. 다행히 마지막 감염자도 치료를 받고 무사히 회복됐다고 합니다.

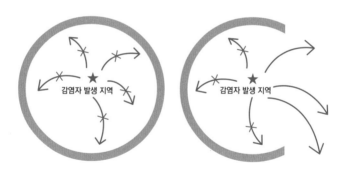

고리 접종의 개요. 파란색은 백신 접종을 한 지역이고 빨간 화살표는 감염이 퍼지는 방향이다. 고리 접종에 실패한 지역은 결국 감염이 외부로 퍼지게 된다.

　천연두 바이러스가 DNA를 유전 물질로 사용하는 DNA 바이러스라는 점도 박멸이 가능했던 중요한 이유입니다. DNA는 RNA

에 비해 안정적인 물질이기 때문에 쉽게 변이를 일으키지 않습니다. 그렇기 때문에 일단 천연두 바이러스에 효과가 있는 백신이 개발되면 오랫동안 계속 효과를 유지하는 것입니다. 천연두와 대조되는 사례로는 인플루엔자를 들 수 있습니다. 인플루엔자 바이러스는 RNA 바이러스이기 때문에 조금씩 변이가 있는 바이러스가 계속 등장합니다. 작년에 나타났던 인플루엔자 바이러스와 조금 다른 바이러스가 올해에 나타나고, 그와 또 다른 바이러스가 내년에 나타나는 식입니다. 그래서 한 인플루엔자 바이러스에 효과가 있는 백신을 개발하더라도 변이된 바이러스가 나타나면 백신의 효과가 떨어지거나 심지어 아예 없어지게 됩니다. 그래서 아직까지는 인플루엔자를 완전히 박멸하지 못했고, 매년 어떤 변이가 나올지 예측해 대비를 하는 것이 최선입니다.

더 이상 천연두를 앓는 사람은 남아있지 않지만 사실 몇몇 국가의 연구소에는 과학 연구를 위해 약간의 천연두 바이러스가 남아있습니다. 미국 애틀랜타의 미국질병통제예방센터 실험실, 러시아 콜초보의 실험실이 여전히 천연두 바이러스를 가지고 있다고 알려져 있습니다. 하지만 과학 연구를 위해서라고 할지라도 인류에게 큰 위협이 될 수 있는 바이러스를 남겨두는 것이 옳은지를 두고 논란이 있습니다. 이 몇몇 실험실을 빼고는 지구상에 천연두 바이러스가 남아있지 않기 때문에 천연두 박멸 이후에 태어난 사람들은 천연두 백신을 맞지 않았습니다. 게다가 치료제가 필요 없어졌기 때문에 치료제를 비축하고 있는 나라도 거의 없습니다. 이런 상황에서 실수로 남아있는 바이러스가 실험실 밖으로 유출된다면 천연두가 순식간에 번질 위험이 있습니다. 이런 걱정이 기우에 불과한 것은 아닙니다. 아직 천연두가 박멸되기 전의 이야기이긴 하지만 영국의 실험실에 있던 천연두 바이러스가 1978년 유출되어 사망자를 낸 사고가 실제로 있었습니다. 이와 같은 일이 반복되지 않으리라는 법은 없지요. 그리고 실험실에서 아무리 보안을 철저히 한다고 해도 테러 단체에서 바이러스를 탈취하는 일이 벌어질 수도 있습니다.

반대로 오히려 바이러스를 가지고 있어야 그런 위험에 대비할 수 있다고 보는 사람들도 있습니다. 아직 우리가 모르는 곳에 천연두 바이러스가 남아있을 수도 있고 생명공학이 발달하면서 누군가가 천연두 바이러스를 복원해 악용하게 될지도 모릅니다. 그런 경우를 생각해서라도 천연두 바이러스의 특성에 대해 더 많이 알아내어 대비를 할 수 있는 것이 바람직할 수도 있습니다. 과연 천연두 바이러스를 계속 가지고 있는 것이 옳을지, 아니면 폐기해야 할지 함께 고민해 볼 필요가 있겠습니다.

에이즈

후천성 면역 결핍증(Acquired Immunodeficiency Syndrome), 줄여서 에이즈 (AIDS)는 1981년에 처음 보고가 되었습니다. 발견 초기에는 치료가 거의 불가능하면서 감염자를 사망에 이르게 하는 강력한 질병으로, 록 밴드 퀸의 보컬리스트 프레디 머큐리 등 여러 유명인의 사망 원인으로 밝혀져 사람들을 두려움에 빠뜨리게 하기도 했습니다. 에이즈는 다양한 병원체로부터 우리 몸을 보호하는 면역 체계가 파괴되는 질병입니다. 우리 몸은 면역 체계 덕분에 웬만한 병원체가 침입해 들어와도 물리칠 수 있지만 에이즈에 걸리면 그 전에는 쉽게 물리칠 수 있었던 세균, 바이러스, 곰팡이, 기생충 등의 병원체에 매우 취약해지게 됩니다. 에이즈는 현재 세계에서 약 3500만 명 이상 감염되어 있고, 1년에 200만 명 정도가 에이즈로 인해 사망한다고 합니다. 우리나라에도 약 1만 명 정도의 감염자가 있다고 알려져 있습니다. 초기에는 주로 선진국을 중심으로 발병하였으나 현재에는 개발도상국에도 매우 널리 퍼져 있습니다.

에이즈는 1980년 미국에서 몇 달 사이에 면역 체계가 무너진 환자들이 보고되면서 발견되었습니다. 처음에 발견된 환자들이 대부분 남성 동성애자였기 때문에 초기에는 병의 원인이 동성애에 있다는 잘못된 추정이 퍼지기도 했습니다. 하지만 나중에 밝혀진 바로는 동성애와 직접적인 관련은 없었습니다. 에이즈는 성적인 접촉을 통해 전염되는 것인데 동성애자들이 소수의 폐쇄적인 공동체를 형성하다 보니 그 안에서 퍼졌던 것이었습니다. 실제로는 동성애자가 아닌 사람들도 에이즈 환자와의 성적인 접촉을 통해 감염될 수 있습니다. 그리고 에이즈 환자인 여성이 임신한 경우, 임신 과정 혹은 출산 후 수유를 통해 아이에게 전염될 수도 있습니다. 에이즈 환자의 혈액이 다른 사람의 몸속에 들어가 전염되는 경우도 있는데 환자의 혈액을 수혈받거나 환자에게 사용했던 주사기 바늘에 찔려 감염되는 사례가 간혹 발생합니다.

다행히도 감염자와 일상생활을 함께 한다고 해서 전염되지는 않습니다. 감염자의 땀, 침, 눈물 등에 에이즈를 유발하는 인간면역결핍바이러스(HIV)가 섞여 있기는 하지만, 그로 인해 감염이 일어날 정도는 아니기 때문입니다. 그리고 혈액을 통해 감염된다고 해서 말라리아처럼 모기를 통해 전염되지도 않습니다. 말라리아 원충과 달리 HIV는 모기의 몸에서는 살아남을 수 없기 때문입니다.

HIV 또한 RNA를 유전 정보 저장에 사용하는 RNA 바이러스인데, 그중에서도 다소 특이한 방식으로 증식하는 '레트로바이러스'에 속합니다. 일반적인 RNA 바이러스는 세포 내에 RNA를 방출하면 그 RNA에 의해 바이러스의 구성 요소들이 만들어집니다. 그런데 레트로바이러스는 세포 내에 방출한 RNA를 틀로 삼아 DNA가 합성됩니다. 그렇게 합성된 DNA에서 다시 RNA가 합성되고, 그 RNA를 통해 바이러스의 구성 요소들이 합성되는 것입니다. 즉, 다른 바이러스들은 RNA→구성 요소 합성 순으로 되는데, HIV를 비롯한 RNA 레트로바이러스는 RNA→DNA→RNA→구성 요소 합성 순으로 다소 복잡하게 증식합니다.

HIV에 처음 감염되었을 때는 2~4주간 증상이 없다가, 발열, 근육통, 발진, 구강 통증 등의 증상이 나타납니다. 다만 이런 증상은 HIV 감염이 아니라 다른 이유로도 흔히 나타나는 것이기 때문에, 증상만 가지고서 HIV 감염이라고 판별하기는 어렵습니다. 이 기간에 HIV가 급격하게 증식하는데, HIV는 면역에서 중요한 역할을 담당하는 '헬퍼 T 세포'라는 이름의 면역 세포를 공격해 파괴합니다. 하지만 그동안 다른 면역 세포들이 HIV를 제거하기 때문에, 곧 HIV의 수가 줄어들고 증상도 사라지는 잠복기에 들어갑니다. 에이즈의 잠복기는 보통 10년 정도이지만, 짧으면 불과 몇 주, 길면 20년 이상 지속되기도 합니다.

에이즈는 처음 발견될 당시에는 치료법을 알 수 없어 속수무책으로 당할 수밖에 없었습니다. 다행히 지금은 HIV에 감염되어도 곧바로 치료제를 투입하고, 꾸준히 관리를 받는다면 특별한 문제 없이 다른 사람과 다를 바 없이 오래 사는 것도 가능합니다. 만약 HIV에 노출되었을 가능성이 있다면, 2~3일 내에 치료제를 복용하여 HIV가 인체 내에 자리를 잡지 못하도록 합니다. 이 시기를 놓치면 HIV를 몸속에서 완전히 제거하는 것은 현재의 의학 기술로는 어렵지만, 꾸준히 치료를 받으며 건강을 관리하면 다른 사람과 크게 다를 바 없이 오랜 기간 생존이 가능합니다. 안타까운 점은 HIV 감염이 선진국 국민들에게는 더 이상 치명적이지 않게 된 반면, 개발도상국에서는 여전히 치료를 받기가 쉽지 않아 많은 사람들의 사망 원인이 되고 있다는 것입니다.

에이즈 극복을 위한 신기술과 관련해 윤리적 논란이 있기도 했습니다. 2018년에 중국의 과학자인 허젠쿠이(賀建奎, 1984~)가 유전자 편집 기술(CRISPR-Cas9)을 이용해서 선천적으로 에이즈에 걸리지 않는 쌍둥이 아기를 탄생시켰다고 발표했습니다. 허젠쿠이가 한 일은 이 쌍둥이가 배아 상태일 때 CCR5 수용체와 관련된 유전자를 제거한 것입니다. 우리 몸의 세포에는 물질 대사에 이용되는 다양한 수용체가 붙어있는데 CCR5 수용체도 그 중에 한 가지입니다. CCR5 수용체는 HIV가 세포 내로 침입하는 통로가 될 수도 있습니다. 원래 세포 내에 아무 물질이나 들어오면 안 되니까, 수용체는 그 수용체와 잘 맞는 모양을 가진 물질만 세포 내로 들여보냅니다. 그런데 HIV는 CCR5 수용체와 잘 맞는 모양을 가지고 있어, CCR5 수용체는 HIV가 세포 내에 필요한 물질이라고 착각하고 세포 내로 들여보냅니다. 그래서 HIV는 세포 안으로 침입할 수 있게 됩니다. 반대로 CCR5 수용체가 아예 없다면, HIV는 세포에 침투를 할 방법이 없어집니다. 허젠쿠이는 쌍둥이 아기들이 배아 상태일 때 CCR5 수용체를 만드는 유전자를 제거하였습니다. 그래서 이 쌍둥이 아기들은 CCR5 수용체가 없거나 변형된 상태로 태어나, HIV가 침입할 수 없는 것입니다.

허젠쿠이의 연구는 얼핏 보면 인류를 에이즈의 위협에서 구해낼 수 있는 것처럼 보입니다. 하지만 허젠쿠이의 연구는 수많은 비판을 받았습니다. 가장 큰 문제는 CCR5 수용체 관련 유전자를 없앴을 때 무슨 일이 일어날지 완전히 알지 못한다는 것입니다. 허젠쿠이가 없앤 유전자는 CCR5 수용체를 만드는 유전자라고 알려져 있긴 하지만, 실제

허젠쿠이는 유전자 교정 맞춤 아기를 탄생시킨 연구로 과학 학술지 네이처에서 2018년도 10대 인물로 선정되기도 했다.

로는 그뿐만 아니라 알려지지 않은 굉장히 많은 일을 하고 있을 수도 있습니다. 그렇다면 그 유전자를 없앴을 때, CCR5 수용체만 없어지는 것이 아니라 다른 문제를 일으킬 수도 있습니다. 실제로도 CCR5 수용체에 문제가 생기면 전반적인 사망 위험은 높아진다는 결과도 있습니다. 결국, 에이즈에 걸리지 않게 하려고 어쩌면 더 큰 위험성을 가져올지도 모르는 일을 아이들에게 한 셈입니다.

그리고 허젠쿠이의 유전자 편집은 완벽하지도 않았습니다. 쌍

둥이 아기 중 한 명은 CCR5 부호화 유전자가 완전히 없는 상태로 태어났는데, 다른 한 명은 CCR5 유전자가 완전히 없어지지 않았고 변형된 상태로 태어났습니다. 그렇다면 CCR5 수용체도 완전히 없어지는 것이 아니라 변형된 형태로 생겨납니다. 이렇게 변형된 수용체도 여전히 정상 CCR5 수용체와 유사하기 때문에 HIV의 침입 통로가 될 가능성도 있고, 약간 변형되었기 때문에 HIV가 아닌 다른 바이러스의 침입 통로가 될 가능성도 있습니다. 아직 모든 것이 불확실한 상황입니다.

결국 허젠쿠이는 국제 사회의 광범위한 비난을 받았고, 중국에서도 2019년 12월 불법의료행위죄로 징역 3년과 벌금 300만 위안(약 5억 3천만 원)을 선고받았습니다.

인플루엔자

'독감'이라고도 불리는 인플루엔자는 고열, 기침, 코막힘 등을 일으키는 호흡기 질환입니다. 사실 의학계에서는 독감이라는 이름을 잘 쓰지 않는 편입니다. 독감이라는 이름은 지독한 감기라는 뜻인데, 지독하긴 해도 어쨌거나 보통 감기와 크게 다르지 않다는 인상을 심어줄 수 있기 때문입니다. 실제로 주요 증상은 보통 감기와 비슷한 편입니다. 그런데 사실 인플루엔자는 보통 감기와는 원인이 되는 바이러스부터 다르고, 위험성도 비교도 안 될 정도로 강력합니다. 우선, 감기의 원인이 되는 바이러스는 한 종류가 아니고 200가지 이상이 알려져 있습니다. 그래서 엄밀히 구분하면 실제로는 200가지 이상의 서로 다른 병이지만, 대개의 경우 굳이 구분해서 부르지는 않습니다. 반면 인플루엔자의 경우 말 그대로 인플루엔자 바이러스에 의해서만 일어납니다. 그리고 감기에 걸린다고 해서 사망에까지 이르는 경우는 극히 드물지만, 인플루엔자는 매년 전 세계에서 30~50만 명의 사망자를 일으키는 강력한 병입니다. 게다가 간혹 대유행을 일으키기도 하는데, 특히 1918년에서 1919년 사이에 크게 유행했던 스페인 인플루엔자는 1년 남짓한 기간 만에 적게는 2000만 명에서 많게는 5000만 명의 사망자를 냈다고 추정됩니다.

인플루엔자 바이러스는 크게 A형, B형, C형, D형으로 나눌 수 있고, 그 중에서 특히 사람에게 심각한 증상을 일으키는 것은 A형이기에 여기서는 A형에 대해서만 다루겠습니다. 인플루엔자 바이러스의 겉부분에는 '헤마글루티닌(HA)', '뉴라미니다아제(NA)'라는 단백질 돌기가 붙어 있는데, HA에는 16가지 종류가 있고 NA에는 9가지 종류가 있습니다. 그래서 HA와 NA의 조합에 따라 종류가 세부적으로 나뉩니다. 예를 들어 1번 HA와 1번 NA를 가지고 있는 인플루엔자 바이러스는 'H1N1'이라고 부르고, 5번 HA와 1번 NA를 가지고 있는 인플루엔자 바이러스는 'H5N1'이라고 부르는 식입니다.

동물마다 어떤 인플루엔자 바이러스에 감염될 수 있는지는 다 다릅니다. 예를 들어 H1N1 바이러스는 사람, 오리, 돼지를 감염시킬 수 있지만, 말은 감염시킬 수 없다고 알려져 있습니다. 반면 H7N7은 말을 감염시킬 수 있지만, 사람은 감염시킬 수 없다고 알려져 있습니다. 인플루엔자 바이러스가 사람을 감염시킬 수 있게 된 것은 150년 정도 전이라고 추정됩니다. 인플루엔자 바이러스는 원래 주로 조류에게 감염이 되었는데, 조류에서 돼지 등 가축으로 옮겨간 바이러스가 변이를 일으켜 사람에게 감염될 수 있는 변이

인플루엔자 바이러스의 구조

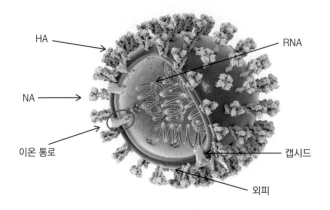

HA
RNA
NA
이온 통로
캡시드
외피

도 생겨난 것으로 추정됩니다.

인플루엔자 바이러스는 변이가 자주 일어나는 RNA 바이러스이기 때문에, 계속 새로운 변이 바이러스가 나타나 유행을 일으킵니다. 유행이 가장 심각했던 것은 1918년에 유행하기 시작했던 스페인 인플루엔자입니다. 스페인 인플루엔자는 제1차 세계 대전 말기에 시작되었기 때문에 정확한 감염자 및 사망자 규모를 알기는 어렵지만, 당시 세계 인구 약 17억 명 중에서 약 5억 명 정도가 감염되었고 그 중에서 최소 2000만 명, 최대 5000만 명이 사망했다고 추정됩니다.

코로나19가 유행 초기에 처음 발생된 것으로 추정되는 중국 우한의 지명을 따 '우한 폐렴'으로 불렸던 것처럼 스페인 인플루엔자도 스페인에서 시작된 것이라고 오해하기 쉽습니다. 하지만 스페인 인플루엔자는 스페인에서 시작된 것은 아니고, 당시에 전염 상황에 대한 정보가 주로 스페인 언론을 통해 알려졌기 때문에 이런 이름이 붙었습니다. 스페인으로서는 다소 억울한 명칭입니다. 스페인 인플루엔자가 시작된 곳을 확실하게 알기는 어렵지만 미국의 시카고 지역이 유력합니다.

스페인 인플루엔자 이후로도 여러 차례 대유행이 일어났습니다. 1957년 H2N2에 의해 일어난 아시아 인플루엔자는 주로 유아, 소아와 노인에게 집중적으로 발생했고, 100만 명 이상의 사망자를 냈습니다. 이 인플루엔자 바이러스는 조류에 감염되던 바이러스와 사람에게 감염되던 바이러스가 서로 유전자를 교환하면서 나타났다고 알려져 있습니다. 1968년의 홍콩 인플루엔자(H3N2)는 홍콩, 대만, 필리핀, 싱가포르, 베트남 등 동아시아를 중심으로 유행했습니다. 아시아 인플루엔자보다는 크게 번지지 않았지만, 그래도 50만~100만 명 정도의 사망자를 낸 것으로 추정됩니다.

앞선 유행들에 비교해 유행 규모는 매우 작지만, 주목할 만한 것으로 1997년 조류 인플루엔자(H5N1)의 유행이 있습니다. 이 유행으로 인해 홍콩에서 18명이 감염되어 6명이 사망했습니다. 이 사건은 조류에게 감염되던 인플루엔자 바이러스가 다른 동물을 거쳐서 사람에게 감염되는 것이 아니라, 조류에서 사람으로 직접 감염될 수 있다는 점을 보여 주어 과학자들에게 충격을 안겼습니다. 철새가 긴 거리를 이동하며 세계 곳곳을 날아다닌다는 점, 그리고 현재 인류가 수백 억 마리의 닭이나 오리를 가축으로 기르고 있다는 점을 감안하면, 조류 인플루엔자가 본격적으로 사람에게 퍼지기 시작하면 엄청난 규모의 유행이 일어날 가능성이 있습니다. 1997년 당시 홍콩에서는 150만 마리의 닭, 오리를 살처분하면서 더 이상 감염이 퍼지지 않았지만, 그 이후로도 세계 곳곳에서 소규모 감염 사례가 꾸준히 생기고 있습니다. 아직까지 조류에 있는 바이러스가 사람에게 쉽게 넘어오지 못하기 때문에 큰 유행으로 번지지는 않고 있지만, 사람에게 쉽게 넘어오는 변이가 생길 경우 큰 문제가 생길 수 있기 때문에 긴장의 끈을 놓지 말아야 합니다.

꼭꼭 씹어 생각 정리하기

★ 천연두 바이러스나 스페인 인플루엔자 바이러스는 몇몇 과학자들이 연구를 위해 보관하고 있습니다. 이렇게 병원체를 보관하면 향후 비슷한 바이러스가 출현하더라도 대비를 할 수가 있겠지요. 반면 연구소에서 유출된다면 세계를 위험에 빠뜨릴 수 있다는 문제점도 있습니다. 그렇다면 이미 사라진 병원체를 계속 보관하는 것이 옳을까요?

★ 말라리아는 매년 2억 명 이상을 감염시키고 수십만 명을 사망에 이르게 하는 심각한 전염병입니다. 그래서 말라리아를 옮기고 다니는 모기를 인위적으로 멸종시켜 말라리아 문제를 해결하자는 제안도 있습니다. 하지만 모기나 모기 유충을 먹고 사는 작은 동물들이나 이를 먹고 사는 큰 동물도 이어서 멸종하면서 생태계 전체가 파괴되고, 그 피해는 다시 사람들에게 돌아올 수 있습니다. 과연 말라리아를 막기 위해 모기를 멸종시키는 것이 옳을까요?

★ 중국의 허젠쿠이가 유전자 편집 기술을 이용해 에이즈에 면역력을 지닌 아기를 탄생시킨 이후, 많은 윤리적 비판이 쏟아졌습니다. 그리고 유전자 편집 기술을 인간에게 적용하기 시작하면 사람들이 함부로 다음 세대의 외모, 성격 등을 조절할 수 있다는 문제도 있습니다. 반면, 수천만 명이 에이즈로 고생하고 있고 사망자도 많이 나오는 국가들에서는 그런 윤리적 문제보다 당장 닥쳐있는 에이즈 문제를 해결하는 것이 우선이라는 반론도 있습니다. 과연 사람에게 유전자 편집 기술을 허용해야 할까요? 허용한다면 얼마나 허용해야 할까요?

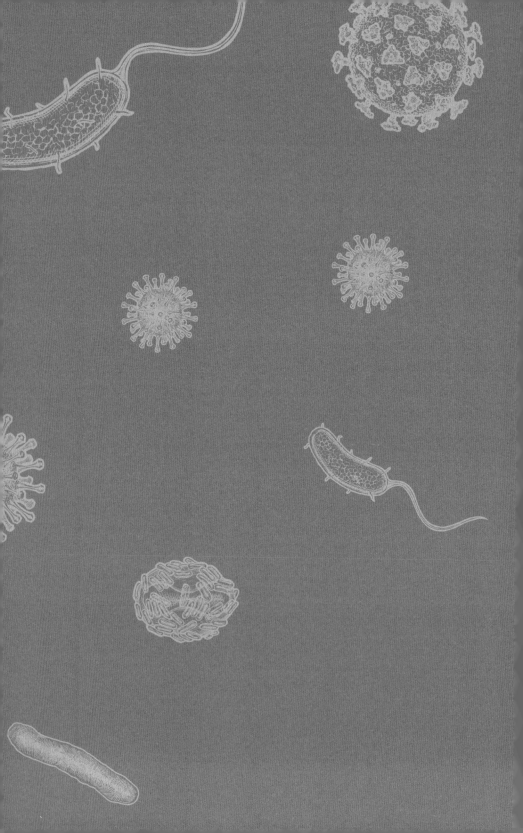

3부

전염병과 역사

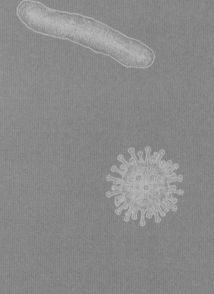

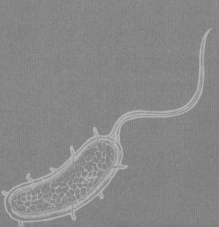

1장

유럽의 역사를 바꾼 흑사병

'페스트' 혹은 '흑사병'은 페스트균에 의해 발생하는 전염병으로, 페스트균에 감염된 쥐를 벼룩이 물고, 그 벼룩이 사람이 물면서 전파됩니다. 환자의 몸에 검은 반점이 생기면서 신체 조직이 괴사하고, 빠른 속도로 환자를 사망에 이르게 하는 무서운 병입니다. 현대에는 발생 빈도가 낮지만, 워낙 병의 진행 속도가 빠르기 때문에 치료가 늦으면 사망할 가능성이 높습니다. 전염성도 무척 강

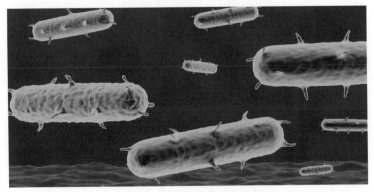

페스트균(Yersinia pestis) 이미지. 쥐벼룩 등을 통해 전염된다.

하기 때문에 세계적인 유행만 따져도 동로마 제국을 중심으로 한 6세기 중반의 대유행, 유럽 전역에 퍼진 14세기 중반의 대유행, 중국과 인도를 비롯한 동아시아의 19세기 말 대유행으로 세 차례나 되고, 그 사이사이에도 끊임없이 크고 작은 유행이 있었습니다. 특히 6세기 중반의 유행과 14세기 중반의 유행은 유럽 전체의 역사를 뒤바꾸어 놓았다고 할 정도로 큰 사건이었습니다.

6세기 - 유스티니아누스 역병

흑사병이 크게 유행한 첫 번째 사례는 지중해를 둘러싼 지역에서 발생한 540년대의 대유행입니다. 지중해 동쪽 지방인 동로마 제국, 사산조 페르시아 등에서 크게 유행했고, 특히 동로마 제국이 큰 피해를 입었다고 알려져 있습니다. 이때 유행한 흑사병은 당시 동로마 제국의 황제였던 유스티니아누스 1세의 이름을 따서 '유스티니아누스 역병'이라고 불리기도 합니다.

유스티니아누스 1세는 후대에 '대제'라고 높여 불릴 정도로 큰 업적을 남긴 황제입니다. 유스티니아누스 1세의 업적을 이해하기 위해서는 6세기 당시 지중해 근방의 상황을 알아볼 필요가 있습니다. 기원전 8세기에 세워진 로마 제국은 점점 세력을 넓혀 나가다가 기원후 2세기 경에 최전성기를 누립니다. 최전성기에 로마 제국의 영토는 제국의 중심부인 이탈리아 반도는 물론, 서쪽으로는 스페인, 북쪽으로는 영국의 잉글랜드 지방, 동쪽으로는 터키와 시리아, 남쪽으로는 이집트를 비롯한 북아프리카에 이를 정도였습니다. 로마 제국은 체계적인 법률, 광활한 영토 곳곳을 잇는 도로망을 갖추고 그 광활한 영토를 통치할 수 있었습니다. 그럼에도 영토가 워낙 넓었기 때문에 관리가 힘들었으며, 국경이 워낙 길기 때문에 이민족의 침공을 방어하기도 힘들었습니다. 그래서 395년 황제 테오도시우스 1세가 사망하자, 그의 아들인 호노리우스와 아르카디우스가 각각 제국의 서부와 동부를 나눠서 통치하게 됩니다. 그런데 서로마 제국은 정치적 혼란과 주변 민족들의 침략을 견디지 못하고 476년에 멸망하고 맙니다.

유스티니아누스 1세는 이런 상황에서 동로마 제국의 황제로 즉위했습니다. 그는 서로마 제국이 멸망하면서 상실한 로마 제국의 옛 영토를 상당 부분 회복하는 데 성공합니다. 약 20년 간의 정복 전쟁을 통해 이탈리아 반도 전체와 북아프리카 해안 지역, 그리고 스페인 남부, 북서 아프리카 등을 수복

유스티니아누스 1세 모자이크 그림.

하였습니다. 비록 스페인의 나머지 부분과 프랑스, 영국 등은 회복하지 못했지만, 그래도 당시 기준으로 잘 발전된 핵심 지역인 지중해 주변 지역을 상당 부분 회복한 것이었습니다. 그리고 영토를 크게 넓힌 데서 그친 것이 아니라, 국가의 내실을 다지는 데도 신경을 썼습니다. 타고난 신분보다는 능력을 중시하여 관료들을 뽑았

고, 법률을 체계적으로 정리하여 안정적인 통치의 기반을 닦았습니다. 그리고 동쪽의 사산조 페르시아의 공격도 성공적으로 막아냈고, 군사적으로 중요한 지역에 요새를 건설해 국방을 튼튼히 했습니다. 제국 곳곳의 수로와 교량을 정비하고 지진으로 파괴된 도시들도 재건했습니다. 동로마 제국의 수도인 콘스탄티노플(오늘날 터키의 이스탄불)에 하기아 소피아 대성당이 건설된 것도 이 시기의 일입니다. 이런 성공적인 치세 덕분에 유스티니아누스 1세 시기의 동로마 제국은 동서 분할 이전 로마 제국의 최전성기 수준은 아니더라도 상당한 국력을 회복하는 데 성공합니다.

하지만 이렇게 급성장하던 동로마 제국은 전혀 예상치 못했던 일로 급격히 쇠퇴합니다. 앞에서 언급한 흑사병의 대유행 때문입

유스티니아누스 1세 시절 그리스 정교회 성당으로 건축되었으나 현재 이슬람 사원인 하기아 소피아.

니다. 흑사병 대유행은 541년 무렵에 이집트의 해안 도시인 펠루시움에서 처음 시작되었는데, 최근 연구에 따르면 중국에서 발생한 흑사병이 실크로드를 따라 이집트까지 유입이 된 것으로 추정된다고 합니다. 당시에 이집트는 동로마 제국의 영토였기 때문에 이집트에서 유행하기 시작한 흑사병은 얼마 못 가 수도인 콘스탄티노플까지 퍼졌습니다. 동로마 제국은 지중해를 둘러싸고 바다에 인접한 도시들을 중심으로 발달한 국가였고, 콘스탄티노플 역시 유럽과 아시아를 잇는 해안 도시입니다. 과거에는 전염병이 주로 바닷길을 따라 해안 도시들에 퍼졌기 때문에 바다에 인접한 도시들을 중심으로 발달한 동로마 제국은 전염병의 창궐에 취약할 수밖에 없었습니다. 게다가 동로마 제국은 당시 지중해 인근의 최고 선진국이었기 때문에 인구도 많고, 많은 사람들이 도시에 모여 살고 있었습니다. 이러한 이유로 전염병이 한 번 유행하기 시작하자 걷잡을 수 없이 퍼져나갔습니다.

당시 기록에 따르면 흑사병은 콘스탄티노플에서 아주 극심하게 유행했습니다. 상황이 점점 악화되면서 콘스탄티노플에서 하루에만 5천~1만 명이 사망하고, 심지어는 유스티니아누스 1세 본인도 흑사병으로 인해 죽을 뻔 했다가 고비를 간신히 넘기기도 했습니다. 이 당시에 사망자가 너무 많아서 제대로 장례를 치르지도 못했고, 시체들은 대량으로 한꺼번에 매장이 되거나 그냥 방치되었을 정도였다고 합니다. 결국 콘스탄티노플에서만 30만 명의 사망자가 나왔는데, 이것은 당시 콘스탄티노플 전체 인구의 절반 이상인 수치입니다. 동로마 제국 전체에서는 그 몇 배가 되는 사망자가 나왔을 것입니다.

단, 이런 기록을 곧이곧대로 믿을 수는 없습니다. 당시 사람들이 사망자 통계를 엄밀하게 내기는 힘들었을 것이고, 전염병의 위험성을 과장해서 묘사했을 수 있기 때문입니다. 그래도 현대 역사학자들이 밝혀낸 바에 따르면, 당시 기록에 어느 정도 과장이 있을지라도 콘스탄티노플에서만 20만 명 가까운 사망자가 나왔을 가능성이 있습니다. 그리고 흑사병의 대유행이 동로마 제국의 쇠퇴에 상당한 영향을 끼쳤다는 점에는 많은 학자들이 동의하고 있습니다.

많은 사람들이 죽으면서 동로마 제국의 세금 수입은 크게 줄어들었으며, 군인으로 복무할 사람이 줄어 군사력도 크게 약화되었습니다. 원래 유스티니아누스 1세는 북아프리카와 이탈리아 반도를 회복한 뒤 이 지역들을 개발해 국가 재정을 확충할 생각이었습니다. 하지만 국력에 큰 타격을 입으면서, 회복한 영토는 관리하기 힘들기만 한 애물단지가 되어버렸습니다. 결국 유스티니아누스 1세가 회복한 영토는 그가 사망한 뒤 얼마 지나지 않아 상실됩니다.

이렇게 동로마 제국은 동서 로마 분할 이전의 로마 제국과 같은 초강대국으로 성장하는 데 실패하고 오랜 침체기를 겪습니다. 동로마 제국은 이 이후로도 900년이나 지속되면서 중간중간에 몇 차례 크게 번성하긴 하지만, 유스티니아누스 1세 시절의 국력은 회복하지 못했습니다. 그리고 그동안 동쪽에서는 새롭게 등장한 이슬람 제국이 세력을 키워갔습니다. 642년에 이슬람 제국은 동로마 제국이 지배하고 있던 이집트의 알렉산드리아를 점령했고, 651년에 이르러 오늘날 이란 지역의 사산 왕조 페르시아 제국을 완전히 점령했습니다. 이후 북아프리카, 스페인 지역을 모두 점령하며 광활한 영토를 가진 대제국으로 부상합니다. 흑사병으로 인해 동로마 제국이 쇠퇴하면서 서유럽은 동로마 제국의 영향력에서 어느 정도 벗어났고, 중동에서는 이슬람 제국이 큰 견제를 받지 않고 성장할 수 있었으니, 흑사병 대유행은 유럽과 중동 역사에 엄청난 영향을 끼친 셈입니다.

14세기 – 흑사병 대유행

이렇게 동로마 제국을 좌절시켰던 흑사병은 14세기 중반 다시한 번 유럽을 뒤덮습니다. 이 시기의 흑사병 역시 멀리 중국 남서부 지역에서 유래한 것으로 여겨집니다. 해당 지역을 몽골 제국이 정복하면서 흑사병이 몽골 제국에 퍼지고, 몽골 군대가 중앙아시아를 거쳐 유럽까지 공격하면서 군대를 따라 유럽까지 퍼지기 시작했던 것으로 보입니다. 특히, 현재 우크라이나 영토인 크림 반도에 위치한 카파 지역을 몽골군이 공격한 것이 유럽에 흑사병이 퍼지기 시작한 결정적인 계기라고 알려져 있습니다. 카파 성을 공격하는 몽골 군대 내에 흑사병이 퍼져 있었기 때문에, 몽골군과 접촉한 카파 사람들에게도 전염이 된 것입니다. 카파 성 공격 당시 몽골군이 흑사병에 걸려 죽은 몽골군 시체를 투석기를 이용해 카파 성 안에 던져 넣어 일부러 성 안에 흑사병이 퍼지게 만들었다는 이야기도 있습니다. 만약 이 이야기가 사실이라면 몽골군은 흑사병균을 일종의 생물학 무기로 이용한 셈입니다. 하지만 실제로는 이런 일이 없었을 가능성이 높습니다. 이 일을 기록한 사람은 당시 전투 현장에 있던 사람이 아니어서, 그 기록을 신뢰할 수 없기 때문입니다. 어찌되었든 몽골군이 카파 성을 정복하면서 카파 성 주민 중 일부는 이탈리아 반도로 피신을 가고, 그 과정에서 흑사병도 이탈리아로, 곧이어 유럽 전역으로 번지게 됩니다.

이렇게 퍼지기 시작한 흑사병은 전염력도 강하고 독성도 강한 무시무시한 질병이었습니다. 대체로 전염병은 전염력이 강하면 독성이 낮은 경향을 보입니다. 독성이 강하다면 사람들이 심하게 앓

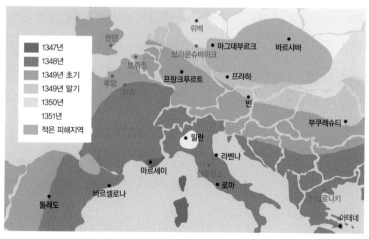

연도별 흑사병의 확산 경로(파란색 지역은 확산의 중심지).

아 활발하게 활동을 하지 못하여, 주변 사람들에게 널리 퍼뜨리지 못하기 때문입니다. 특히 환자를 순식간에 죽일 정도로 독성이 강력할 질병이라면, 환자가 주변 사람들에게 퍼뜨릴 시간도 없이 죽으므로 전염이 잘 되지 않습니다. 그런데 흑사병은 특이하게도 독성과 전염력이 모두 엄청나게 강해서, 그야말로 대재앙을 일으켰습니다. 14세기 중반의 대유행으로 당시 유럽 전체 인구의 무려 1/3이 사망했다고 합니다. 물론 이 시기에 죽은 사람이 모두 흑사병에 걸려 죽은 것은 아닙니다. 흑사병으로 사람들이 죽으면 그만큼 노동력이 손실되고 그로 인해 식량이 부족해지면서 기근 등으로 추가적인 사망자가 나오기 때문이지요.

이러한 전대미문의 대재앙 앞에서 사람들은 큰 혼란에 빠졌습니다. 많은 사람들은 미신적인 믿음에 기대어 흑사병을 극복하려고 했는데 그 극단적인 사례가 유대인 학살입니다. 유대인을 증오하던 사람들이 유대인들이 악마의 명령에 따라 우물에 독을 탔다는 소문이 퍼뜨리고 학살을 조장했습니다. 현재 독일에 속한 스트라스부르에서 1349년 대대적인 유대인 학살이 펼쳐졌고, 그 이전 1348년 프랑스 프로방스의 툴롱, 스페인 바르셀로나 등 유럽 곳곳에서 크고 작은 규모로 학살이 이뤄진 바 있습니다.

한편으로는 '채찍질 고행단'이라는, 여러 지역을 떠돌아다니면서 자신의 몸을 채찍질하는 기묘한 집단도 생겨납니다. 채찍질 고행은 일부 과격한 수도사들이 신의 분노를 누그러뜨리기 위해 하는 참회 방법이었습니다. 원래 채찍질 고행은 일반인들에게 알려

프란시스코 고야의 유채화 '채찍질 고행단의 행렬'. 고깔모자를 쓴 사람들이 채찍질 고행단원이며 채찍질로 인해 피가 흐르는 모습이 나타나 있다.

지지는 않았는데, 흑사병이 퍼지면서 몇몇 일반인들도 동참하기 시작했습니다. 그리고 이 중에서 무리를 지어서 채찍질 고행을 하면서 여러 지역을 돌아다니는 사람들이 나타난 것입니다. 당연히 이런 일을 한다고 흑사병 유행이 줄어들 리는 없었고, 이들이 흑사병이 발생한 지역에서 병을 이리저리 확산시키는 악영향만 끼쳤습니다. 게다가 채찍질 고행단은 유대인들이 흑사병 대유행의 원인이라고 선동하며 유대인에 대한 반감을 부채질하기도 했습니다. 이후 당시 교황이었던 클레멘스 6세가 직접 채찍질 고행이 잘못된 것이라고 공개적으로 이야기하며 금지시켰습니다. 교황의 명을 따르기를 거부하는 고행단도 있었지만, 다행히도 채찍질 고행단은 점점 사라졌습니다.

이런 비상식적인 일들이 일어났다고 해서 당시 사람들이 유대인 학살이나 채찍질 고행 등 미신적 행위에만 기대 흑사병을 막고자 한 것만은 아닙니다. 사람들은 흑사병의 원인이 무엇인지는 정확히 몰랐어도, 흑사병이 퍼져 나가는 모습을 관찰하면서 여러 가지 체계적인 방역 대책을 강구했습니다. 특히 이탈리아의 여러 자치 도시들은 법령을 제정하거나 보건 위원회를 설립해 대응책을 체계화했습니다. 우선 도시 거주자가 이미 전염병이 발생한 지역을 방문하는 것과, 반대로 전염병이 발생한 지역에서 도시 내로 들어오는 것을 금지했습니다. 예를 들어 밀라노에서는 세 가족이 흑사병에 감염되었는데, 이 가족들을 도시에서 격리시켰습니다. 이 세 가족은 희생되었지만, 그 덕분에 당분간 도시 내로 크게 퍼지는 것은 막을 수 있었습니다. 베네치아에서는 외부인이 도시 내로 들어오는 것을 막을 뿐만 아니라, 환자가 타고 있는 것으로 의심되는 배가 항구에 들어오지 못하게 했습니다. 그리고 흑사병에 의해 사망한 사람의 시체를 근처 섬으로 옮겨 도시에서 분리했고, 시체를 땅속 깊이 묻도록 했습니다. 비록 나쁜 공기가 병의 원인이기 때문에 악취를 막아야 한다는, 오늘날 보면 잘못된 지식에 기반을 둔 조치이긴 했지만, 어쨌든 효과가 있는 조치였습니다. 피렌체에서는 환자가 입었던 옷도 반드시 불에 태워 없애도록 했습니다. 당시 사람들은 몰랐겠지만 흑사병은 쥐와 사람의 피를 빠는 이에 의해 옮겨지며, 환자가 입었던 옷에 이가 있을 수 있다는 점을 고려하면 합당한 조치였습니다. 그리고 페스트 환자들을 치료할 병원은 도심에서 멀리 떨어진 곳에 건설하여 감염자들을 격리시켰습니다. 다만 이 과정에서 빈민이나 부랑자를 강제로 추방하는 등, 어려운 사람들을 억압했다는 어두운 면도 있습니다.

밀라노와 라구사에서는 1370년대부터 '검역'이라는 새로운 조치를 시행했습니다. 검역은 흑사병이 유행하는 지역에서 오는 사람은 감염이 되었는지 확인할 수 있을 때까지 주변에서 30일간 체류시키는 것입니다. 마르세유 지역에서는 검역 기간을 40일로 연장했는데, 검역을 뜻하는 quarantine이라는 말이 바로 '40일 동안'을 뜻하는 이탈리아어 quarantina에서 나왔습니다.

물론 당시 사람들이 흑사병의 원인에 대해서 잘못 알고 있었던 만큼, 예방이나 치료가 오늘날의 기준에서 볼 때 잘 이루어지지는 않았습니다. 하지만 당시 사람들은 오랜 기간의 관찰과 경험을 통해 흑사병에 대응하는 보건 체계를 발달시켰습니다. 그래서 흑사병의 대유행을 막을 수는 없어도 피해를 어느 정도 줄이는데 성공했습니다.

천연두와의 전쟁

유럽 대륙과 아메리카 대륙은 대서양을 사이에 두고 서로 멀리 떨어져 있고, 그래서 오랜 기간 동안 두 대륙 사람들 간의 상호작용은 거의 없었습니다. 1000년 경 북유럽의 바이킹이, 그리고 그 이후로도 소수의 프랑스인이나 아일랜드인이 북아메리카에 도달한 적이 있다고 하지만, 그것이 양 대륙의 대대적인 상호작용으로 이어지지는 않았습니다. 이런 상황이 바뀐 것은 스페인왕의 후원을 받은 크리스토퍼 콜럼버스(Christopher Columbus, 1451~1506)가 아메리카에 도달한 이후입니다. 사실 콜럼버스는 아메리카 대륙의 존재 자체를 몰랐고, 인도와 중국 등 아시아에 갈 수 있는 항로를 개척하고자 했습니다. 그 이전에 유럽에서 아시아로 가려면 육로로 중동의 오스만 제국을 지나야 했습니다. 그래서 유럽 국가들, 특히 서쪽 끝에 있는 스페인이나 포르투갈은 오스만 제국을 거치지 않고 바다를 통해 직접 인도나 중국에 도달할 수 있는 항로를 찾고 있었던 것입니다.

콜럼버스는 스페인왕 이사벨 1세에게 에스파냐에서 서쪽으로 항해를 계속하면 아시아에 도달할 수 있다고 이야기하며 새로운 항로를 개척할 항해를 지원해 줄 것을 요청했습니다. 그러면서 항로 개척에 성공한다면 자신에게 기사와 제독 작위 및 새로 발견하는 땅의 총독 지위와 그 땅에서 얻는 수익의 10%를 줄 것을 요구했습니다. 스페인 귀족들은 콜럼버스의 계획에 극렬히 반대했고 이사벨 1세 역시 그의 요구가 너무 터무니없다고 여겼습니다.

이 때 이사벨 1세의 신하들이 콜럼버스의 계획에 반대한 것은 지구가 둥글다는 점을 몰랐기 때문이라는 속설이 널리 퍼져 있지만 이는 사실이 아닙니다. 지구가 둥글다는 점은 당시에도 많은 사람이 알고 있었습니다. 그보다는 콜럼버스가 지구의 크기를 너무 작게 계산했다는 점이 반대의 주된 이유였습니다. 실제로 콜럼버스는 지구의 크기를 잘못 계산해서 유럽에서 아시아까지의 거리가 실제 거리의 1/5밖에 되지 않는다고 착각하고 있었습니다. 따라서 콜럼버스의 생각과 달리, 반대자들은 아시아까지 갈 수 있는 항로를 개척하더라도 너무 먼 거리를 가야 하기 때문에 아무런 도움이 되지 않을 것이라고 생각했습니다. 이런 점에서 오히려 반대자들의 의견이 옳았다고 할 수 있습니다. 그럼에도 이사벨 1세는 콜럼버스의 항해를 후원하기로 결심했습니다. 스페인은 유럽의 서쪽 끝부분에 있었기 때문에 지중해를 통해 무역을 하기가 어려웠습니다. 그래서 만약 아시아로 통하는 새로운 항로가 개척된다면 그런 문제가 단번에 해결될 수 있으리라고 보았기 때문입니다.

결국 이사벨 1세의 후원하에 1492년 8월 항해를 시작한 콜럼버스는 약 두 달 간의 항해 끝에 아메리카 대륙 근처의 바하마 제도에 도착합니다. 콜럼버스 본인은 죽을 때까지 이곳이 아시아라고 믿었지만 얼마 지나지 않아 아시아가 아닌 다른 대륙이라는 점이 밝혀집니다. 콜럼버스가 지구의 크기를 잘못 계산한 덕분에 유럽인들이 아메리카 대륙의 존재를 알게 된 것입니다. 그런데 아메리카 원주민들의 입장에서는 이것이 엄청난 재앙의 시작이라고 할 수 있습니다. 콜럼버스 본인부터 아메리카 원주민들을 잔인하게 학살하거나 노예로 삼았고 콜럼버스의 항해 이후, 스페인을 비롯한 유럽 국가들은 아메리카 곳곳을 침략하고 정복하기 시작했기 때문입니다.

현재의 멕시코와 중앙아메리카 지역에 당시에는 아즈텍 제국이 있었습니다. 아즈텍 제국은 정교한 사회 구조와 기술력을 갖췄고, 인구는 500만 명에 달하는 강대국이었습니다. 특히 수도인 테노치티틀란은 인구 10만 명이 훌쩍 넘었는데, 당시로서는 세계적으로 손꼽힐 만한 대도시였습니다. 또한 테노치티틀란에서는 귀족 자제들뿐만 아니라 평민들도 학교에서 교육을 받을 기회를 주었습니다(물론 평민들에게는 수준 높은 교육을 하지는 않았습니다). 그리고 건축 기술이 무척 발달해 있어 거대한 바위를 가공해 매우 거대하면서도 정교한 사원들을 지었습니다.

대외적으로도 15~16세기 무렵 아즈텍 제국은 주변의 부족들이나 작은 국가들을 평정하면서 멕시코 및 중앙아메리카 지역에서 강력한 영향력을 행사했습니다. 그런데 아즈텍 제국에는 사람을 신에게 제물로 바치는 인신공양 풍습이 있어서 신에게 바칠 포로를 주변 구가들이나 부족들에게서 요구하여 큰 불만을 사기도 했습니다. 이런 일로 아즈텍 제국을 증오하던 주변 국가, 부족들은 나중에 스페인 군대의 편을 들어 아즈텍 제국을 멸망시키는 것을 돕게 됩니다.

아즈텍 제국을 멸망시킨 스페인 군대는 페르난도 코르테스(에르난 코르테스, Fernando Cortes, 1485~1547)가 이끌었습니다. 코르테스는 아즈텍 제국 주변 원주민들에게 아즈텍에 황금이 가득하다는 이야기를 듣고, 제국의 황제를 군사적으로 위협해 황금을 받아 낼 생각으로 침공했습니다. 코르테스의 군대는 1000명이 채 되지 않을 정도로 적은 수였지만 아즈텍 제국의 황제 몬테수마 2세는 스페인 군대를 큰 위협으로 느꼈습니다. 스페인 군사들은 총과 강철 갑옷으로 무장했는데 이러한 장비를 처음 본 아즈텍 사람들은 스페인 군사들에게 효과적으로 대응할 수 없기 때문이었습니다. 게다가 스페인 군사들이 타고 다니는 말도 아메리카에 없던 동물이기 때문에 아즈텍 사람들에게 큰 공포심을 안겼습니다.

그래서 몬테수마 2세는 맞서 싸우기보다는 코르테스에게 황금을 보내며 화평을 청하고 테노치티틀란에 초대합니다. 그리고 테노치티틀란에 도달한 코르테스를 맞아 크게 환대합니다. 그런데 코르테스는 그 자리에서 몬테수마 2세를 인질로 잡고 중심부를 점령한 다음, 막대한 양의 황금을 요구했습니다. 그 후 아즈텍 군사 수만 명이 스페인 군대를 공격해 테노치티틀란 중심부를 탈환하는 데 성공하지만, 코르테스를 비롯한 스페인 군대는 치열한 전투 끝에 도망쳤습니다. 이후 스페인 본국 및 주변 국가의 지원을 얻은 코르테스는 다시 아즈텍 제국을 공격하여 끝내 멸망시켰습니다.

소수의 스페인 군대가 거대한 제국을 무너뜨릴 수 있던 요인에는 앞서 말한 대로 금속 갑옷이나 기병, 주변 부족의 지원 등 여러 가지가 있습니다. 그런데 스페인인들을 통해 들어온 천연두가 유행하면서 많은 사망자를 발생시킨 것도 아즈텍 제국의 멸망에 기여했습니다. 원래 천연두 바이러스는 아메리카에 존재하지 않았기 때문에 아즈텍 제국 사람들은 천연두에 면역을 전혀 갖고 있지 않았습니다. 반면 스페인 군사들은 어릴 때 천연두를 앓은 뒤 면역이 생긴 경우가 많았기 때문에 스페인 군대에는 천연두가 거의 퍼지지 않았습니다. 아즈텍 제국 사람들은 천연두 바이러스가 침입하는 족족 천연두에 걸렸기 때문에 천연두가 빠른 속도로 퍼져나갔습니다. 이로 인한 혼란과 군대의 약화가 아즈텍 제국을 크게 약화시켰습니다.

천연두가 아니었으면 스페인 군대가 일시적으로 승리하더라도 아즈텍인들이 수많은 인구를 내세워 부흥 운동을 진행하면서 제국을 재건할 수도 있었을 것입니다. 하지만 천연두가 유행하면서 아즈텍인들은 부흥 운동도 제대로 일으키지 못한 채 점령당할 수밖에 없었습니다.

남아메리카에 있었던 잉카 제국의 멸망에는 천연두의 영향이 더 직접적으로 끼쳤습니다. 스페인인들에 의해 북아메리카, 중앙 아메리카 지역에 유입된 천연두는 점점 남쪽으로 퍼져나가, 아즈텍 제국과는 별다른 교류가 없던 잉카 제국에까지 이르렀습니다. 심지어 잉카 제국의 황제였던 우아이나 카팍(Huayna Capac)도 천연두에 걸려 1527년에 사망하고 그의 후계자였던 장남도 그 뒤를 이었습니다. 그러자 황위를 두고 다른 왕자들끼리 내부 분열이 일어났기 때문에 잉카 군은 스페인 군대의 침략 이전에 이미 상당히 약해져 있었습니다.

당시의 기후 조건도 천연두가 퍼지기에 딱 알맞았습니다. 잉카 제국은 남아메리카의 태평양 쪽 해안 지역과 안데스산맥에 걸쳐 있었습니다. 그 해안 지역은 비가 거의 오지 않는 지역이고, 안데스산맥은 매우 춥고 강풍이 부는 지역입니다. 그런데 스페인 군대가 침략할 무렵, 엘니뇨 현상이 일어났습니다. 엘니뇨 현상이란 남아메리카의 태평양 쪽 해안, 즉 바로 잉카 제국에 접한 바다에 따뜻한 바닷물이 흐르는 현상을 말합니다. 엘니뇨 현상이 일어나면 따뜻한 바닷물의 영향으로 주변 지역의 기온이 올라가고 비가 많이 내리게 됩니다. 평소에는 그 덕분에 농사가 잘 되는 좋은 효과가 있었지만 하필 이때는 천연두가 잘 퍼지게 만드는 악영향을 끼쳤습니다. 게다가 잉카 제국도 아즈텍 제국과 마찬가지로 주변 국가 및 부족들과 사이가 좋지 않았습니다. 예를 들어 주변의 카나리족의 도시였던 투메밤바는 잉카 제국이 도시 인구의 80%를 학살할 정도로 탄압을 받았습니다. 아즈텍 제국의 경우와 마찬가지로, 잉카 제국에 정복당해 반감을 가지고 있던 여러 부족 및 국가들은 스페인 군대가 오자 오히려 스페인 군대에 협력했습니다. 천연두로 약화된 잉카 제국은 스페인 및 주변 국가 연합 군대에 무너져 내렸습니다.

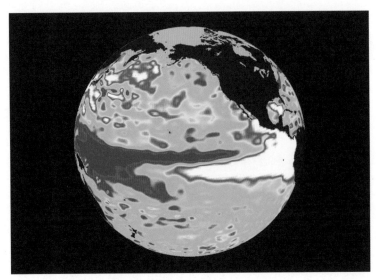

인공위성이 촬영한 1997년 엘니뇨 현상.

이렇게 아메리카에서는 천연두가 침략자들의 편이었지만, 반대로 천연두가 침략자들을 빨리 물러가게 한 것으로 보이는 사례도 있습니다. 다름 아닌 조선 시대의 병자호란입니다. 병자호란은 음력 1636년 12월 8일부터 다음해 1월 30일까지 당시 새롭게 부상하고 있던 청나라가 조선을 침략하여 일어난 전쟁입니다. 청 태종 홍타이지(皇太極, 1592~1643)는 음력 1636년 12월, 4만 5천 명의 병력을 이끌고 압록강을 넘었습니다. 청나라 군대는 조선 북부의 산성을 무시하고 지나쳐 무척 빠른 속도로 한양으로 진격했습니다. 당시 조선의 왕이었던 인조는 급하게 여러 왕족들과 신하들을 강화도로 피난 보냈습니다. 그리고 본인도 강화도로 피난을 가려고 했으나 청나라 군대가 너무 빠른 속도로 진격하면서 조선 땅에 들어선 지 고작 8일 만에 한양을 점령하고 강화도로 가는 길목을 막아 버렸습니다. 결국 인조는 강화도로 가지 못하고 현재의 경기도 광주시에 있는 남한산성으로 대피할 수밖에 없었습니다. 초반에는 그럭저럭 방어를 해냈으나 정말 큰 문제는 추위와 굶주림이었습니다. 남한산성에 급하게 들어가느라 식량을 충분히 챙기지 못했고, 설상가상으로 그 해 겨울은 매우 춥기까지 했습니다. 추위와 굶주림에 고생하다가 병사들이 얼어 죽는 일까지 나올 정도였습니다.

청나라 군대가 그대로 지나쳐 온 북부 여러 지역의 조선군이 뒤늦게 남한산성에 도착했지만, 청나라 군대는 이들을 차례차례 손쉽게 물리쳤습니다. 게다가 청나라 군대는 왕족들이 피신 가 있던 강화도를 함락시키고 인조를 압박하기 시작합니다. 결국 인조는 홍타이지에게 항복 선언을 합니다. 전쟁이 시작된 지 겨우 두 달도 채 지나지 않은 시점입니다.

여기서 한 가지 의문이 들 수 있습니다. 압록강을 넘은지 불과

유네스코 세계 유산으로도 등재된 남한산성.

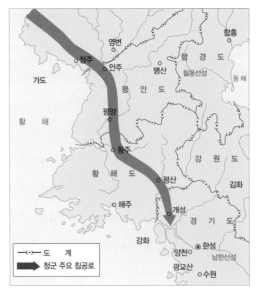

병자호란 침입 경로.

8일 만에 한양을 정복하고, 두 달도 안 되어 조선 임금에게 항복 선언을 받아낼 정도로 압도적인 승리였는데 왜 청나라는 조선을 멸망시키지 않았을까요? 우선, 한 가지 중요한 이유로 애초에 청나라가 조선을 멸망시킬 수준의 국력은 되지 않았다는 점이 있습니다. 청나라가 조선에 빨리 항복 선언을 받아낼 수 있었던 것은 방어군들이 지키고 있는 여러 성을 회피해 한양으로 곧장 진격하는 전략 덕분이었습니다. 당시 청나라는 조선보다 인구도 적었기 때문에, 조선을 멸망시켜 흡수한다고 해도 조선인들이 계속 저항한다면 청나라 전체가 휘청일 수도 있었습니다.

그런데 최근 연구에 따르면 청나라가 천연두 때문에 빨리 후퇴할 수밖에 없었을 가능성도 제기되었습니다. 청나라는 조선 침략 이전에도 천연두의 유행으로 여러 번 곤란을 겪은 일이 있습니다. 홍타이지는 천연두가 크게 유행할 때 공식적인 활동을 하지 않고 천연두를 피해 다른 지역으로 가 있기도 했다고 합니다. 청나라에서 명나라를 공격할 계획을 세울 때도, 신하들이 홍타이지가 천연두에 감염될 것을 우려해 명나라 영토 깊숙히 들어가지 않고 오래 머무르지 않아야 한다고 건의할 정도로 청나라는 천연두의 위험성을 무척 경계했습니다. 그래서 조선을 공격할 때도 천연두의 위협을 매우 걱정하고 있었습니다. 게다가 병자호란이 일어난 겨울은 온대기후 지역에서 봄과 더불어 천연두가 창궐할 가능성이 가장 높은 계절입니다.

결정적으로, 당시 청나라 군대에 천연두가 돌기 시작했다는 기

홍타이지의 초상화.
청태종 또는 숭덕제 등
다양한 표기가 존재한다.

록이 있습니다. 심지어 천연두 감염에 대한 공포로 군대를 이탈한 기록도 있고, 홍타이지 바로 근처에서 환자가 발생하기도 했다고 합니다. 그리고 남한산성 포위 초반에는 조선 조정과의 협상을 거부하고 비교적 느긋하게 포위를 하고 있었으나, 음력 1월 중순에 갑자기 입장을 바꾸어 조선의 항복을 빨리 받아 내려 했던 것도 한 가지 증거로 뽑힙니다. 원래 홍타이지는 남한산성 포위전이 70~80일 동안 지속될 것이라고 예상하고 있었습니다. 게다가 애초에 전력 차이가 압도적이어서 남한산성에 고립되어 고생하고 있는 조선 조정과 협상을 할 이유도 없었습니다. 그래서 음력 1월 16일까지 청나라는 아예 협상을 거부하면서 전쟁을 장기적으로 끌고 가고 있었습니다. 그런데 청나라 측은 정월 17일, 단 하루 만에 갑자기 협상에 적극적으로 나서기 시작합니다. 조선 측이 식량 부족으로 무너지기를 느긋하게 기다리는 것이 아니라, 빨리 전쟁을 끝내기 위해 독촉하는 것이었습니다. 홍타이지 주변에서 천연두 환자가 발생한 것이 사실이라면 하루 만에 태도가 이렇게 급격히 바뀐 이유가 잘 설명이 됩니다. 남한산성에 갇힌 조선 측은 식량 부족으로 압박을 느끼고 있었지만 청나라 측도 시간을 지체하다가는 황제가 천연두에 감염될 수 있는 급박한 상황이었던 것입니다. 천연두의 위협이 있었다는 증거는 또 있습니다. 홍타이지는 청나라로 돌아가는 길에 조선 관료들과의 만남을 꺼렸습니다. 청나라로 돌아간 이후에도 조선의 소현 세자를 비롯한 인질과 포로들과 한참 동안 만나지 않으면서 조선인들과의 접촉을 피했습니다. 이 역시 천연두 감염을 걱정했기 때문에 그랬던 것일 가능성이 있습니다.

3장

스페인 인플루엔자와
미국의 언론 검열, 그리고 3.1 운동

스페인 인플루엔자는 1918년에 유행하기 시작한, 20세기 전체를 통틀어 최악의 피해를 낸 전염병입니다. 스페인 인플루엔자가 유행하던 시기는 제1차 세계 대전 중이었습니다. 그래서 인플루엔자 바이러스에 감염된 사람들이 군대에 소집되어 복무하면서 군대 내에서 병을 퍼뜨렸고, 이들이 각자 고향으로 돌아가면서 다시 세계 곳곳에 퍼졌습니다. 유행 기간이 제1차 세계 대전 시기와 겹치기 때문에 얼마나 많은 사람이 감염되고 사망했는지 파악하기가 쉽지는 않습니다.

하지만 당시 세계 인구 약 17억 명 중 거의 1/3 가량이 감염되었고, 2000만~5000만 명이 사망했다고 추정됩니다. 제1차 세계 대전으로 인한 사망자는 1500만 명 정도라고 하니 세계 대전으로 죽은 사람보다 전염병으로 죽은 사람이 많습니다. 스페인 인플루엔자로 인해 사망자가 급격히 늘어나면서 전쟁 참여국들이 전쟁 종결을 서두르기도 했습니다.

스페인 인플루엔자는 그 이름 때문에 스페인에서 시작되었다고 생각하기 쉽지만, 실제로는 미국에서 시작되었다는 설이 유력합니다. 발생지는 미국 중부의 캔자스주, 혹은 동부의 일리노이주로 추정됩니다. 그럼에도 이름에 '스페인'이 들어간 것은 당시 미국과 스페인의 언론 자유 수준과 연관성이 깊습니다. 당시 미국은 제1차 세계 대전에 참전하면서 미국 정부에 대해 안 좋은 보도를 하면 처벌할 수 있는 법을 제정했습니다. 전쟁 수행에 대해 국민들의 지지를 받고 군대에 애국심 넘치는 젊은이들을 모집하기 위해 전쟁 참여가 명예롭다는 인식을 심어 주어야 했기 때문입니다. 그래서 미국 정부는 미국 군대가 독일군과 맞서 정의로운 전쟁을 하고 있다는 점만을 부각시킬 필요가 있었습니다. 만약 군인들이 정의로운 전쟁을 하며 명예롭게 희생하기는커녕, 엉뚱하게도 전염병으로 인해 죽어 가고 있다는 사실이 알려지면 여론은 등을 돌렸을 것입니다. 그래서 미국 정부는 언론이 전염병 관련 보도를 하지 못하게 했습니다. 그 결과, 많은 사람들이 유행의 심각성을 깨닫게 된 것은 유행이 이미 걷잡을 수 없이 번진 후였습니다.

제1차 세계 대전 당시 미국의 모병 포스터.

역시 전쟁에 참여했던 영국에서도 사정은 마찬가지였습니다.

당시 영국 법에 따르면 언론은 사람들에게 공포를 일으킬 수 있는 보도를 해서는 안 되며, 그렇지 않으면 처벌을 받을 수 있었습니다. 1918년 7월에 런던에 스페인 인플루엔자가 퍼지며 사망자가 발생했을 때, 영국 언론들은 이것이 전염병이 아니라 전쟁에 의한 피로 때문이라고 보도했습니다. 그리고 스페인에서 인플루엔자가 유행하고 있다는 점을 보도하기는 했지만, 그 유행 정도는 과장되었기 때문에 크게 주의를 기울일 필요는 없다고 주장했습니다.

반면 스페인은 제1차 세계 대전 당시 중립국이었기 때문에, 미국이나 영국 정부와 달리 전염병과 관련된 언론 보도를 통제할 이유가 없었습니다. 그래서 스페인 언론은 어느 지역에서 인플루엔자가 얼마나 거세게 확산되고 있는지, 얼마나 많은 사람이 사망하고 있는지를 투명하게 알릴 수 있었습니다. 이러한 이유로 스페인 외의 다른 나라에서도 전염병에 대한 정보가 주로 스페인 언론을 통해 알려졌고, 이 전염병에 '스페인 인플루엔자'라는 이름이 붙은 것입니다. 스페인 때문에 퍼진 것처럼 오해하게 만드는 이름과 달리, 오히려 스페인 덕분에 그나마 많은 사람들이 심각성을 깨닫고 대응할 수 있었던 것입니다.

앞서 이야기했듯이 스페인 인플루엔자는 전쟁 상황이라는 특수한 조건 덕분에 널리 퍼질 수 있었습니다. 전염병은 많은 사람이 모일 때 퍼지기가 쉬운데, 군대가 바로 그러한 환경입니다. 미국에서 군대에 지원한 사람들은 훈련소에 수천, 수만 명씩 모여서 군사 훈련을 받았습니다. 예를 들어 캔자스주의 펀스턴 훈련소는

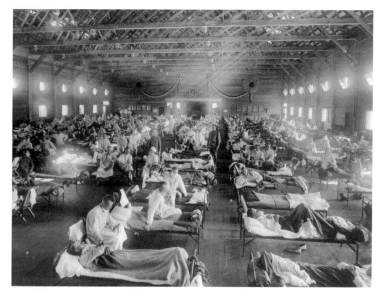

펀스턴 훈련소에서 스페인 인플루엔자를 앓고 있는 군인들.

최대 2만 6천 명의 군인이 모일 수 있는 곳이었는데, 1918년 3월 4일 이 훈련소에서 인플루엔자에 걸린 환자가 여러 명 발견되었습니다. 그 바로 다음날 인플루엔자 증상을 보이는 환자가 무려 500명 정도가 나왔고, 3주 동안 38명을 사망에 이르게 했습니다. 치사율이 아주 높지는 않았지만, 군사 훈련을 받고 있는 젊고 건강한 20대 청년들이 스페인 인플루엔자로 수십 명씩 사망했다는 점은 이 인플루엔자가 다른 인플루엔자와는 비교도 안 될 정도로 강력한 독성을 지녔다는 점을 보여 줍니다.

그리고 스페인 인플루엔자는 1918년 가을에 미국과 유럽에서 봄보다 훨씬 독성이 강해진 채로 재유행합니다. 그런데 특이하게도 20~30대의 젊은 사람들의 사망률이 매우 높았습니다. 일반적으로 인플루엔자는 면역력이 약한 어린아이나 노령층에게 치명적이지만, 젊은 사람들에게 심각한 문제를 일으키는 경우는 드뭅니다. 하지만 가을에 재유행한 스페인 인플루엔자는 건강한 젊은 사람에게 치명적이었습니다. 그 이유는 '사이토카인 폭풍(cytokine storm)'이라고 불리는 현상 때문입니다. 사이토카인 폭풍은 면역 반응이 과다하게 일어나 오히려 자기 몸에 해를 끼치는 현상입니다. 바이러스에서 인체를 지키기 위한 무기들이 정상 세포까지 공격하는 것입니다.

특히 인플루엔자가 폐에 감염이 된 상태에서 사이토카인 폭풍이 일어나면 폐에서 일어난 과다한 면역 반응 때문에 폐에 체액이 고여 사망하게 됩니다. 1918년 당시 아주 어린아이들은 20% 정도의 사망률을 보였고 그 이후 청소년들은 비교적 사망률이 낮았지만 20대의 사망률은 사이토카인 폭풍으로 인해 다시 높아졌습니다. 그리고 중년의 사망률은 다시 낮아졌다가 노년에 사망률이 오르는 복잡한 모양새를 보였습니다.

어쩌면 스페인 인플루엔자 이야기는 먼 나라의 일처럼 느껴질 수도 있겠습니다. 우리나라에서 멀리 떨어진 국가인 스페인의 이름이 붙어 있는 것도 그렇고, 당시 우리나라는 일제의 식민지 상태여서 제1차 세계 대전과 직접적인 관련이 있었던 것은 아니었기 때문입니다. 그런데 사실 스페인 인플루엔자는 일제 치하의 우리나라에서도 크게 유행했습니다. 조선통독부의 기록에 따르면 조선인 1678만 명 중 44%에 달하는 742만 명이 감염되었습니다. 전 국민 중 거의 절반이 감염된 것입니다. 그리고 그중에서 사망자는 14만 명에 달했다고 합니다. 스페인 인플루엔자는 우선 서울, 인천, 대구, 평양, 개성 등 도시 위주로 퍼져 나갔는데, 관공서와 우체국의 업무는 마비되었고 학교는 휴교하였으며 회사 공장 철도 등의 운영이 차질을 빚었다고 합니다. 몇 주 정도 지나자 도시에서는 유행이 어느 정도 잦아들었지만, 농촌으로 확산되면서 유행은 계속되었습니다. 그리고 그때는 하필 추수철이라 감염된 농부들이 추수를 못 하게 되기도 했습니다.

이 당시 상황에서 눈여겨볼 만한 것은 한반도에 거주하던 일본인의 사망률과 조선인의 사망률의 차이입니다. 한반도에 거주하던 일본인은 약 16만 명이 감염되어 1300명 정도가 사망하면서 약 0.8%의 치사율을 보였습니다. 반면 조선인의 치사율은 그 두 배 이상인 1.9%에 달했습니다. 일제의 수탈로 피폐해진 생활환경 때문에 인플루엔자가 더 치명적이었던 것으로 보입니다.

안 그래도 일제의 무단 통치와 수탈에 고통을 받고 있던 상황에서 스페인 인플루엔자로 인한 피해까지 겹치자 일제에 대한 조선인들의 불만은 극에 달했습니다. 이러한 불만은 다음 해인 1919년에 3.1 운동이 일어나는 원인 중 하나가 됩니다. 비록 스페인 인플루엔자가 3.1 운동의 결정적인 요인이라고까지는 할 수 없지만 이 사례는 전염병이 세계 곳곳에 얼마나 광범위한 영향을 주는지 잘 보여 줍니다.

3.1 운동의 숨은 공로자, 석호필

프랭크 스코필드(Frank William Sc
-hofield, 1889~1970)는 1916년에 우
리나라에 와 의료 활동과 의학 연
구 및 교육에 힘을 쏟은 캐나다 출
신의 의사입니다. 그리고 외국인
이면서 우리나라의 독립을 위해서
노력을 아끼지 않은 독립운동가이
기도 합니다. 본명인 스코필드와
유사한 발음으로 석호필(石虎弼)이

프랭크 스코필드. '3.1 운동의
34번째 참여자'로 불리기도 한다.

라는 한국식 이름도 만들었는데, 그만큼 우리나라에 대한 정이 깊었
습니다. 스페인 인플루엔자 유행 당시에도 스코필드는 환자들을 돌
보면서 스페인 인플루엔자의 원인에 대해 연구를 하기도 했습니다.

스코필드가 우리나라에서 유행한 스페인 인플루엔자를 연구하고
낸 논문에 따르면 스페인 인플루엔자는 다른 인플루엔자와 유사한
증상을 보였지만 증상은 훨씬 더 심각했다고 합니다. 스코필드에
따르면 스페인 인플루엔자 환자는 두통, 팔다리 통증, 40도 이상의
갑작스러운 고열, 심한 경우 폐렴까지 나타냈습니다. 한편 당시에는
아직까지 스페인 인플루엔자를 일으키는 병원체가 무엇인지 알려
지지 않아 의학계에서 논쟁이 진행되고 있었는데, 스코필드는 우리
나라에서의 연구를 통해 이 논쟁에 참여하기도 했습니다. 당시에는

파이퍼 바실러스라는 세균이 인플루엔자를 일으킨다는 설과 정체가 밝혀지지 않은 바이러스가 일으킨다는 설이 대립하고 있었습니다. 스코필드는 파이퍼 바실러스가 스페인 인플루엔자의 원인이 아니라는 증거들을 여러 가지 발견했습니다. 스페인 인플루엔자 환자들의 체액에서 이 세균이 발견되지 않는 경우가 상당히 많다는 것입니다. 그렇다고 해서 파이퍼 바실러스가 원인이 아니라고 딱 잘라 말하기도 어려웠습니다. 환자에게 발견되는 세균 중 파이퍼 바실러스가 가장 발견 빈도가 높았기 때문입니다. 그리고 당시에는 바이러스에 대한 지식이 부족했기 때문에 바이러스가 원인이라는 근거가 별로 없었습니다. 그래서 스코필드는 명확하게 결론을 내리지는 못했습니다. 다만 바이러스가 직접적인 원인이고 바이퍼 바실러스는 병을 더 악화시키는 역할만 한다고 생각했던 것으로 보입니다.

앞서 잠시 언급했지만 스코필드는 외국인이면서도 독립운동가로 활약하기도 했습니다. 특히 우리나라에 대한 일제의 만행을 세계에 알리고, 독립 운동을 기록하는 데 커다란 역할을 했습니다. 대표적인 일은 3.1 운동기에 있었던 '제암리 학살 사건'을 전 세계에 알린 일입니다. 제암리 학살 사건은 현재의 경기도 화성시에 있는 제암리 교회에서 일어난, 일본군의 조선인 학살 사건입니다. 3.1 운동기에 제암리 인근의 주민 약 천 명이 만세 운동을 하면서 일본군과 충돌했고 그 과정에서 사망자가 여러 명 나왔습니다. 이런 상황에서 4월 13일 일본군은 시위 진압 중 과도한 폭력을 쓴 것을 사과하겠다고 거짓말을 하면서 15세 이상 남자들을 교회에 모이게 한 후 불을

질러 죽였습니다. 이 사건은 널리 알려지지 못하고 은폐될 뻔 했는데, 학살 사건이 일어났다는 소식을 들은 스코필드가 직접 현장의 증거들을 사진으로 찍고 보고서를 작성해 세계에 이 사건을 알렸습니다.

스코필드는 이후 일제에 의해 강제로 쫓겨났지만 미국과 캐나다에서 우리나라의 암울한 상황을 세계에 알리는 운동을 계속했습니다. 결국 대한민국 독립에 기여한 바를 인정받아 1968년 정부로부터 건국공로훈장을 받았으며 1970년 사망 후에는 외국인 최초로 서울의 국립현충원에 안장되었습니다.

제암리 학살 사건 현장.

꼭꼭 씹어 생각 정리 하기

* 14세기 중반 유럽에서 흑사병은 그 원인이 알려져 있지 않은 정체불명의 병이었습니다. 하지만 당시 사람들은 환자를 격리시키고 외부인의 통제를 막는 등 경험을 통해 알게 된 방법들을 이용해 병이 퍼져나가는 것을 막고자 했습니다. 이 당시의 조치는 현대 사회에서 전염병이 퍼졌을 때 하는 조치와 어떤 공통점과 차이점이 있을까요?

* 역사적으로 보면 동로마 제국, 아즈텍 제국, 잉카 제국 등 전염병의 창궐로 인해 쇠퇴하거나 심지어 멸망한 국가들이 많았습니다. 이들 국가에 어떤 점이 부족했을까요?

* 스페인 인플루엔자가 유행할 당시 미국에서 나쁜 소식을 전하지 못하도록 언론을 통제하는 바람에 시민들이 적절한 대응을 하지 못하고 전염병이 걷잡을 수 없이 퍼져나갔습니다. 반면 유튜브 같은 개인 방송이 범람하는 지금은 전염병에 대한 가짜 뉴스가 퍼질 가능성도 있습니다. 언론의 자유를 보장하면서 가짜 뉴스는 퍼지지 않도록 하려면 어떻게 해야 할까요? 또 전염병이 퍼질 때 올바른 정보를 얻으려면 어떻게 해야 할까요?

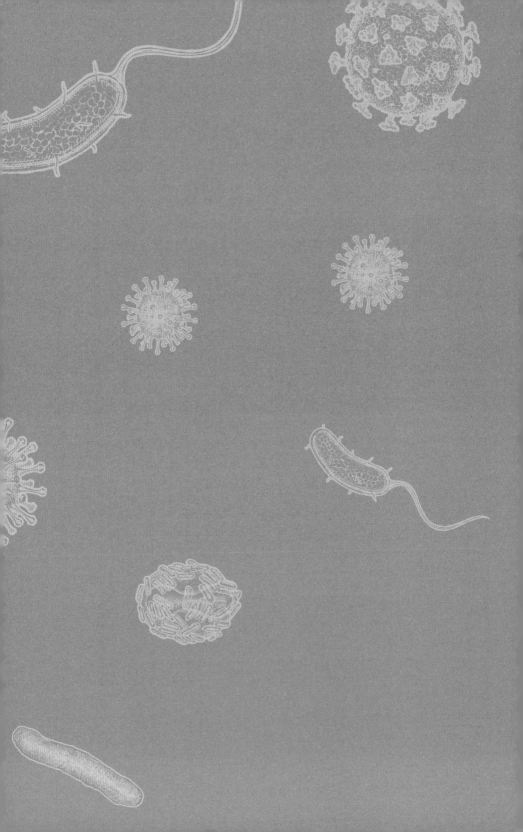

4부

코로나바이러스감염증-19
집중 해부

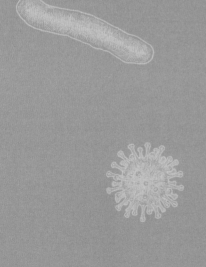

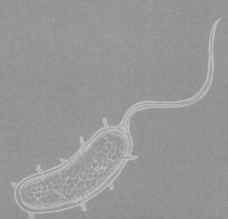

코로나19의 유래

2019년 12월 중국 후베이성 우한시에서 그전까지 알려져 있지 않았던 원인 불명의 전염병이 보고되었습니다. 27명이 바이러스성 폐렴에 걸렸고 그중 7명은 위독한 상태라는 것이었습니다. 이듬해 1월 9일, 중국 당국은 그 폐렴이 신종 코로나바이러스에 의한 것이라는 점을 확인했습니다. 이 신종 코로나바이러스에는 '코로나바이러스-19'라는 이름이 붙었습니다. 얼마 지나지 않아 코로나19가 홍콩, 대만, 일본, 우리나라 등 주변 국가로 번져 나가면서 1월 중에 1만 명 가까운 사람이 확진됐고 봄에 이르러서는 전 세계적으로 폭발적으로 늘기 시작해 WHO에 최초 보고된 지 392일 만인 2021년 1월 26일에는 누적 확진자가 1억 명을 넘었습니다. 그리고 191일 후인 2021년 8월 4일에는 2억 명을 돌파하는 등 유행이 그치지 않고 있습니다.

코로나19가 지구를 휩쓸면서 사회의 모든 부문에 엄청난 영향을 주었습니다. 우선 수백만 명의 소중한 생명을 앗아갔고, 그 가

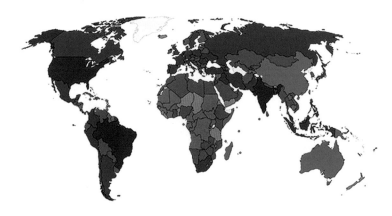

■ 1-99　■ 100-999　■ 10,000-99,999　■ 10,000-99,999　■ 100,000-999,999　■ 1,000,000-9,999,999　■ 1천만 명 이상

2021년 8월 16일 기준 전세계 코로나 누적 확진자 현황. ⓒ 블룸버그

족들을 슬픔에 잠기게 했습니다.

　그리고 감염에 의한 직접적인 피해를 받지 않은 사람들도 강력한 방역 조치로 인해 경제적 피해를 입고 이전과 같은 일상을 누리지 못하게 되었습니다. 이로 인해 많은 사람들이 '코로나 블루'라고 불리는 우울증, 무기력감, 불면증 등을 겪기도 했습니다. 또한 학교에서 비대면 수업을 실시하면서 학생들의 학업 성취도 저하가 나타나고 있으며, 2020년 도쿄 하계올림픽이 1년 연기된 것을 비롯해 각종 문화, 스포츠 행사가 연기 혹은 전격 취소되었습니다.

　2020년 말 유례없이 빠른 속도로 백신이 개발되었지만, 변이 바이러스의 창궐로 유행의 종식은 아직 요원해 보입니다. 도대체 코로나19가 무엇이기에 이렇게 엄청난 유행을 일으킨 것일까요?

우리는 어떻게 대응해야 할까요? 이 대유행은 어떻게 끝을 맺게 될까요?

2003년 중국을 중심으로 유행했던 사스(SARS), 중동에서 주로 유행했지만 우리나라에도 전파되어 여러 명의 사망자를 낸 메르스, 그리고 현재 전 세계를 휩쓸고 있는 코로나19에는 공통점이 있습니다. 바로 세 전염병 모두 '코로나바이러스'에 속하는 바이러스가 일으킨다는 것입니다. 이제 코로나바이러스라고 하면 코로나19가 가장 먼저 떠오르지만, 사실 사람에게 감염되는 것으로 알려진 코로나바이러스는 일곱 가지 종류가 있습니다. 그중 네 가지 종류는 보통의 감기를 일으킵니다. 주로 겨울철에 발생해 재채기와 콧물이 나게 하는, 그런 흔한 감기입니다. 그래서 이 네 종류의

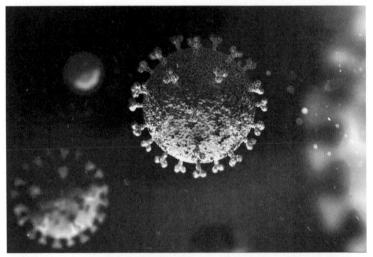

코로나바이러스는 외피에 스파이크 단백질이 돋아나 있는 모습이 마치 왕관처럼 보이기 때문에 '코로나바이러스'라는 이름이 붙었다.

코로나바이러스는 감염되어도 크게 문제가 되지 않습니다. 심각한 증상을 일으키는 일은 거의 없고, 감기약을 먹으면서 푹 쉬면 얼마 지나지 않아 낫기 때문이지요.

그런데 코로나바이러스 중에서 일부 변종은 사람에게 감염되었을 때 큰 문제를 일으킵니다. 코로나바이러스 중 SARS-CoV라는 종류는 38도 이상의 고열과 호흡 곤란 등을 일으키며, 많은 사람들의 목숨을 앗아간 사스의 원인이 되었습니다. 사스는 2003년 중국, 홍콩, 대만, 베트남 등에서 총 8076명의 확진자를 냈고, 그중에서 774명의 사망자가 나왔습니다. 확진자의 무려 9.1%가 사망한 것이지요. 그나마 다행스럽게도 우리나라에서는 비교적 적은 수인 3명만이 감염되었고 모두 완치되었습니다. 2012년에 사우디아라비아에서 발견되어 중동을 중심으로 유행한 메르스도 코로나바이러스의 일종인 MERS-CoV가 일으킨 전염병입니다. 메르스 역시 고열, 호흡곤란 등 사스나 코로나19와 유사한 증상을 일으켰습니다.

이 코로나바이러스들은 유전 물질인 RNA를 외피가 둘러싸고, 외피에 스파이크 단백질이 나 있는 구조로 되어 있습니다. 이렇게 스파이크 단백질이 나 있는 모습이 마치 왕관처럼 생겼기 때문에 왕관을 뜻하는 '코로나'를 이름에 붙여서 코로나바이러스라고 부르는 것입니다. 스파이크 단백질은 바이러스가 다른 생물의 세포에 침입할 수 있게 합니다. 한편, 외피에 둘러싸여 있는 RNA는 불안정하기 때문에 변이가 자주 생기고 때로는 큰 변이를 일으킬 때도 있습니다. 코로나19에서 알파, 베타, 감마, 델타 등 변이가 계속 생겨나는 것도 바로 이러한 이유 때문입니다.

　코로나19가 중국의 우한에서 처음 나타났다는 점에는 대부분의 전문가들이 동의하지만, 정확히 어떤 이유로 나타났는지에 대해서는 크게 두 가지 가설이 대립하고 있습니다. 첫째는 원래 야생 동물에 기생하던 바이러스가 변이를 일으켜 사람에게도 감염력을 갖게 되었다는 것입니다. 특히 우한의 한 수산 시장이 진원지로 의심을 받고 있는데, 수산 시장이라는 이름과 달리 이곳에서는 생선보다는 악어, 뱀, 고슴도치, 사슴, 박쥐, 밍크, 천산갑 등의 야생 동물을 더 많이 팔고 있었다고 합니다. 이렇게 갖가지 야생 동물을 모아 놓고 파는 시장을 '웻 마켓(wet market)'이라고 부르는데, 웻 마켓에서는 야생에서 서로 만나기 어려웠던 다른 동물들 사이에서 세균과 바이러스들이 옮겨 갈 수도 있고, 옮기는 과정에서 변이를 일으킬 수도 있습니다. 예를 들어 박쥐와 악어는 서식지가 달라서 박쥐의 몸에 사는 바이러스는 평소에 악어의 몸으로 옮겨 갈 일이 없습니다. 그런데 이런 시장에서 박쥐와 악어를 같이 놓고 판다면 바이러스가 악어에게로 들어가고, 그 과정에서 악어의 몸에 살던 바이러스와 유전 정보가 섞이거나 악어의 몸에 적응한 새로운 변이 바이러스가 나올 수도 있습니다.

　그렇다면 온갖 동물들을 모아 놓고 판매하는 시장은 바이러스가 여러 동물을 옮겨 다니면서 새로운 변이를 일으키기에 최적의 장소인 셈입니다. 실제로 코로나가 퍼지기 시작한 초기에 중국의 연구진은 코로나19가 천산갑을 거쳐 사람에게 감염되었을 가능성이 높다고 발표했습니다. 천산갑은 멸종 위기종이지만 천산갑의 고기가 몸에 좋다고 믿는 사람들이 있어서 밀거래가 계속 이루어지고 있다고 합니다. 이런 이유로 사람들이 천산갑을 함부로 만지거나 비위생적으로 도축한 고기를 먹어 천산갑에 살던 코로나바이러스가 사람에게 옮겨 갔을 수 있습니다. 그리고 이 과정에서 변이를 일으켜 사람의 세포에 침투할 수 있게 되었을 수 있습니다.

다른 한편으로는 코로나바이러스가 박쥐를 통해 사람에게 옮겨왔다는 가설도 있습니다. 코로나19가 박쥐에서 발견되는 코로나바이러스와 매우 유사하다는 것이 그 근거입니다. 그밖에도 박쥐와 천산갑을 모두 거쳐 사람에게 감염이 되었다는 가설, 뱀에게

각종 동물들을 모아 놓고 파는 웻 마켓의 모습.

서 유래했다는 가설 등도 존재합니다. 아직 이 여러 가지 가설 중 어느 것이 옳은지 확실하지는 않지만, 야생 동물을 함부로 포획하고 비위생적으로 관리하는 것이 무척 위험하다는 점만은 분명합니다.

동물의 몸에서만 살던 코로나바이러스가 사람도 감염시킬 수 있도록 된 것은 스파이크 단백질에 변이가 생겼기 때문입니다. 우리 몸의 세포 표면에는 다양한 역할을 하는 수용체들이 붙어 있습니다. 수용체들은 세포 안팎으로 물질을 이동시키거나 세포에 필요한 물질을 합성하는 등 여러 역할을 합니다. 그런데 수용체들은 바이러스의 침입 경로로 쓰이는 경우도 있습니다. 바이러스마다 가지고 있는 고유의 스파이크 단백질이 수용체의 모양과 잘 맞

코로나19를 사람에게 옮긴 것으로 의심받고 있는 멸종위기동물 천산갑.

2021년 9월에는 라오스에 서식하는 박쥐에서 코로나19와 95% 이상 일치하는 코로나 바이러스 3종이 새로 발견되기도 했다.

으면 스파이크 단백질이 열쇠 역할을 해서 세포 안으로 들어가게 되는 것입니다. 코로나19도 원래는 사람 세포의 수용체와 잘 맞지 않는 스파이크 단백질을 가지고 있어서 사람의 세포에 침입을 하지 못하다가, 변이를 일으켜서 사람의 'ACE2'라는 이름의 수용체와 잘 들어맞는 스파이크 단백질을 가지게 된 것으로 보입니다. 이렇게 코로나19는 ACE2 수용체를 통해 사람의 세포 내로 침입합니다.

한편으로 코로나19가 야생 동물에서 유래한 것이 아니라 우한 바이러스 연구소에서 연구 목적으로 만든 바이러스가 유출된 것이라는 주장도 있습니다. 코로나19 유행 초기에는 단지 바이러스 연구소가 우한의 화난 수산 시장에서 멀지 않은 곳에 있다는 점

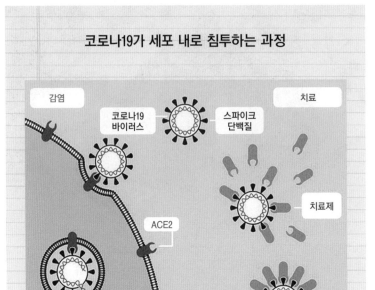

코로나19가 세포 내로 침투하는 과정

감염

코로나19
바이러스

스파이크
단백질

치료

치료제

ACE2

세포

© 아페이론 바이로직스

세포막에 있는 ACE2에 코로나바이러스의 스파이크 단백질이 결
합하면, 바이러스가 세포막에 둘러싸이면서 세포 내부로 침투한다.
세포 내에 침투한 바이러스는 자신의 RNA를 방출한다.

외에 별다른 증거가 없어서 이 가설은 음모론 취급을 받았습니다.
그런데 2021년 들어 미국측에서는 조 바이든 대통령이나 앤서니
파우치 국립 알레르기 전염병 연구소 소장 등 고위 인사들이 이

가설을 공개적으로 언급하며 진지하게 검토하려는 움직임을 보이고 있습니다.

이 가설의 근거는 두 가지입니다. 첫째는 코로나19 발생이 공식적으로 보고되기 한 달 전에 우한 바이러스 연구소에 근무하는 연구원 세 명이 코로나19와 매우 비슷한 증세를 보여 치료를 받았다는 것입니다. 둘째는 코로나19의 구조 일부에 유전자 조작의 흔적이 보인다는 것입니다. 코로나19의 스파이크 단백질에는 양전하를 띠는 아미노산 네 개가 한 줄로 연달아 배열되어 있습니다. 그런데 이런 구조는 자연의 바이러스에서는 거의 발견되지 않는 것입니다. 바이러스 연구소에서 유출된 것이라고 주장하는 사람들은 이것이 사람이 인위적으로 유전자 조작을 통해 코로나19를 만들어 낸 증거라고 보고 있습니다.

전파 경로와 증상, 그리고 진단

코로나19는 호흡기를 통해 인체 내로 침입합니다. 가장 흔한 전파 경로는 비말을 통한 전염입니다. 감염된 사람이 말을 하거나 재채기를 할 때, 침과 콧물 등의 체액이 미세한 비말 형태로 튀게 됩니다. 감염자와 가까운 곳에서 이러한 비말을 흡입하면 비말에 섞여 있는 바이러스가 전해지게 되는 것입니다.

따라서 다른 사람과 가능한 한 거리를 두고, 부득이하게 다른 사람과 접촉을 할 때는 비말이 통과하지 못하는 마스크를 쓰는 것이 감염 차단에 큰 도움이 됩니다. 물론 감염자의 비말이 묻어 있는 물건을 통해서도 바이러스가 전파될 가능성이 있습니다. 비말이 묻어있는 물건을 손으로 만지면 바이러스가 묻고, 이 손으로 입이나 코 등을 만지는 경우에 바이러스가 호흡기로 침투할 수 있는 것입니다. 따라서 항상 손을 깨끗이 씻는 것이 중요합니다. 전문가에 따라서는 마스크보다 손 씻기가 감염 예방에 훨씬 도움이 된다고 보기도 합니다.

드라이빙스루로 코로나19 검사를 하고 있다.

공기 전파로 감염될 가능성은 계속 논란이 있었지만, 세계보건기구와 미국질병통제예방센터(CDC)는 공기 전파로 감염될 가능성도 있다고 밝혔습니다. 2m 이상의 거리에서도 (가까운 거리보다는 가능성이 낮지만) 감염될 수 있다는 것입니다. 또한 감염자가 머물다가 떠난 자리의 공기 중에 바이러스가 떠다니다가 나중에 들어온 사람에게도 전염될 수 있습니다.

실제로 인접한 방에 있었지만 마주친 적이 없는 사람 간 감염이 일어난 사례도 있고, 넓은 공간에서 거리를 두고 노래 연습을 한 합창단이 집단 감염된 적도 있습니다. 다른 사람들과 일정 거리를 두는 것이 매우 중요하지만, 이 사례들은 거리를 뒀다고 안심해서는 안 된다는 점을 보여 줍니다. 실내 공간에서 밀집해 있는 것을 피하고, 마스크를 착용하며, 자주 손을 씻고, 환기를 통해 공기 중의 바이러스를 내보내는 것도 중요합니다.

코로나19를 감기나 인플루엔자와 뚜렷하게 구분해 주는 증상은 없습니다. 기침, 가래, 호흡곤란, 열, 두통, 피로 등의 증상이 흔히 나타나는데 이런 것들은 감기나 인플루엔자에서도 흔히 나타나는 것들입니다. 그래서 코로나19 확진이 의심되는 상황에서 증상만 가지고 감기일 뿐이라고 섣불리 판단해서는 안 되고, 반드시 진료소에 방문해 코로나19 검사를 받아 보아야 합니다. 바이러스에 감염이 되었는데 뚜렷한 증상은 나타내지 않는 무증상 감염 사례도 많기에 확진자와 접촉을 한 적이 있다면 증상이 없더라도 반드시 전문적인 진단을 받아야 합니다. 현재 널리 쓰이는 진단법에는 항원-항체 분석법과 PCR 검사가 있습니다. 각 진단법의 원리에 대해서 간단하게 알아보겠습니다.

항원-항체 분석법

항원-항체 분석법은 항원과 항체가 만나면 응고되어 뚜렷이 나타나는 것을 확인하는 것입니다. 여기서 '항원'은 바이러스 등 우리 몸에 문제를 일으키는 병원체이고, 항체는 항원에 달라붙어 항원을 무력화시키는 단백질입니다. 항원-항체 분석법은 항원 진단 검사(antigen detection assay)와 항체 진단 검사(antibody detection assay)로 나뉩니다. 항원 진단 검사의 검사지에는 코로나19와 결합할 수 있는 항체가 있습니다. 그래서 사람의 비강, 후두부, 가래 등에서 채

취한 타액에 코로나19 항원이 있다면 항체와 응고 반응이 일어나 검사지의 색이 변하는 것을 눈으로 확인할 수 있습니다. 항원 진단 검사는 사람의 타액에 바이러스 입자가 있는지 직접 탐지하는 방법이라고 할 수 있습니다. 항원 진단 검사의 장점으로는 검사 결과가 양성으로 나왔을 경우, 실제로 양성일 가능성이 매우 높다는 것이 꼽힙니다. 하지만 그렇다고 100% 정확한 것은 아닙니다. 예를 들어 감염되었더라도 바이러스의 양이 적은 경우가 있는데, 이런 경우 제대로 양성으로 검출되지 않습니다.

항원 진단 검사가 검사지에 있는 항체로 타액 속 항원을 탐지하는 것이라면, 항체 진단 검사는 반대로 항원(코로나19의 표면 단백질)으로 혈액 속 항체를 탐지합니다. 코로나19에 대한 항체는 우리가 해당 바이러스에 감염된 후 형성되기 때문에, 만약 항체가 형성되었다면 바이러스에 감염된 것이라고 할 수가 있습니다. 혈액 속에 항체가 있다면 검사지에 발랐을 때 코로나19 단백질과 결합해 색깔이 변해서 감염 여부 확인이 가능합니다. 그러나 항체 진단 검사 역시 실제로는 바이러스에 감염되었으나 검사 결과는 음성으로 나올 우려가 있습니다. 바이러스에 감염되어도 항체가 곧바로 형성되는 것이 아니라 어느 정도 시간이 걸리기 때문입니다. 그래서 항체 진단 검사로도 정확한 판단은 어렵습니다. 정확한 진단을 내리기 위해서는 PCR 검사를 이용해야 하며, 항원 진단 검사나 항체 진단 검사는 PCR 검사가 여의치 않을 때 또는 빠르게 확인해 보기 위한 용도로만 사용해야 합니다.

PCR 검사

PCR 검사는 현재 주로 사용되는 여러 검사 방법 중 가장 정확도가 높습니다. 항원-항체 분석법이 바이러스의 단백질이나 인체 내의 항체 단백질을 검출함으로써 감염 여부를 판단했다면, PCR 검사는 바이러스의 유전 물질을 검출하여 감염 여부를 판단합니다. 사실, 바이러스가 감염되어 있더라도 유전 물질을 검출하기는 쉽지가 않습니다. 아무리 바이러스에 감염되어 있더라도 우리 몸에 있는 바이러스의 RNA는 극미량이기 때문입니다. 그래서 사용하는 기술이 PCR(중합효소연쇄반응, Polymerase Chain Reaction)입니다. PCR은 극미량의 유전 물질을 막대한 양으로 증폭시키는 기술입니다. RNA와 DNA의 재료인 뉴클레오타이드와 DNA를 합성하는 효소인 DNA 중합 효소가 있으면 바이러스 RNA와 상보적인 DNA가 합성됩니다. 그리고 합성된 DNA에 상보적인 DNA가 또 합성되고, 이런 과정이 연달아 일어나 시간이 지날수록 DNA의 양이 폭발적으로 증가합니다('상보적'이라는 말의 의미는 29쪽 설명 참고). 즉 DNA의 재료만 충분히 공급해 주면 바이러스 RNA와 같거나 상보적인 유전 정보를 가진 DNA를 많이 만들어낼 수 있습니다. 이런 증폭 과정을 거친 뒤 샘플에서 해당 DNA가 검출이 되면 코로나19에 감염이 된 것이고, 검출이 되지 않으면 감염이 안 된 것이라고 판단할 수 있습니다.

앞에서 이야기했듯이 PCR 검사의 장점은 다른 검사보다도 훨씬 정확하다는 것입니다. 바이러스 RNA가 적은 양만 있어도 그

RNA와 유전 정보가 같거나 상보적인 DNA를 엄청나게 늘릴 수 있기 때문입니다. 그래서 항원-항체 분석법을 통해 1차적으로 검사를 했더라도 확실한 결론을 내리기 위해서는 PCR 검사를 이용합니다. 단점은 다른 검사보다 훨씬 긴 시간이 필요하다는 것입니다. 항체 진단 검사나 항체 진단 검사는 30분 이내에 결과를 확인할 수 있지만, PCR 검사는 최소한 6시간이 걸리며, 실제 검사 결과를 받아보는 데는 1~2일의 시간이 소요됩니다. 샘플을 채취해 PCR을 하고, 그 결과를 분석하는 과정은 전문가가 전문 기기를 이용해 진행해야 하기 때문입니다. 그래서 PCR 검사를 해야 최종 판단을 내릴 수 있음에도 비교적 빠른 속도로 결과가 나오는 항원-항체 분석법이 여전히 사용되는 것입니다.

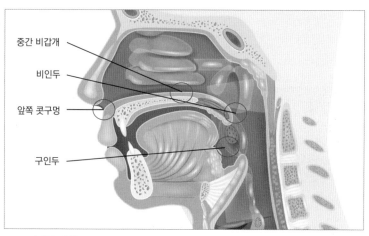

중간 비갑개
비인두
앞쪽 콧구멍
구인두

PCR 검사를 위한 코로나19 표본 채취 위치.

PCR의 원리

● **빨간색**: 바이러스 RNA 가닥

● **초록색**: 바이러스 RNA 가닥에 상보적인 DNA 가닥

● **파란색**: 초록색 DNA 가닥에 상보적인 DNA 가닥

★ **별표**: 각 단계에서 새로 합성된 DNA 가닥

－ 바이러스 RNA에 상보적인 DNA 가닥을 합성하고, 그 DNA 가닥
에 상보적인 DNA 가닥을 합성. 그리고 각 가닥에 상보적인 DNA
가닥을 합성하는 식으로 증폭.

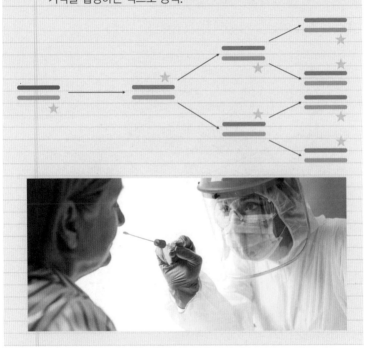

3장

코로나19 팩트 체크

코로나19 팬데믹이 장기화되고 이로 인해 사람들의 피로도가 극에 달하자 코로나19와 관련된 각종 가짜 뉴스들이 판을 치고 있습니다. 경각심을 일깨워주는 것은 좋지만 이러한 잘못된 정보들이 오히려 방역에 장애가 되기도 합니다. 이 장에서는 코로나19에 관련해 무엇이 옳고 그른지 알아보기로 합시다.

Q. 코로나19의 유행과 기온은 상관이 있나요? 계절에 따라 유행 정도가 달라질 수 있을까요?

A. 바이러스에 따라 더 증식하기 쉬운 기온이 있는 것은 사실이지만, 전반적인 유행과 큰 상관관계는 없는 편입니다. 애초에 인체 내에 들어오면 외부 기온과 상관없이 증식하기 때문입니다. 오히려 너무 덥거나 추워서 사람들이 실내에 모이느냐가 더 중요한 요인입니다. 기온 자체를 신경 쓰기보다는 좁은 공

간에 밀집하지 않고, 마스크 착용을 제대로 하는 것이 훨씬
중요합니다.

Q. 실내의 에어컨 사용이 코로나19의 전염력을 증가시키나요?

A. 에어컨 때문에 비말이 더 멀리 이동할 가능성이 있습니다. 일
반적으로 비말은 2m 정도 이동한 후 중력에 의해 바닥으로
떨어지지만 바람을 타고 더 멀리 날아갈 수 있기 때문입니다.
그래서 에어컨을 튼 실내에서는 다른 사람과의 거리가 2m 이
상이더라도 마스크를 쓰는 것이 중요합니다. 또, 에어컨을 틀
어놓았더라도 중간중간 환기를 시켜 공기 중에 있는 비말을
내보낼 필요가 있습니다.

**Q. 감염 예방을 위해 손을 자주 씻으라고 하는데, 공중화장실의 고체
비누를 써도 괜찮을까요? 공중화장실 비누는 많은 사람이 쓰니까
바이러스가 묻어 있지 않을까요?**

A. 만약 비누에 바이러스가 묻어 있더라도 거품을 내어 꼼꼼하
게 씻으면 바이러스가 씻겨 내려갑니다. 그리고 애초에 비누
에 묻은 바이러스가 살아 있을 가능성은 낮습니다. 코로나19
바이러스는 지질로 된 외피를 가지고 있는데 비누 성분은 지
질을 녹이는 작용을 하기 때문입니다.

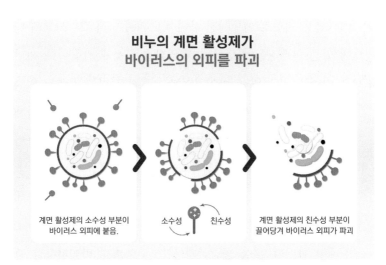

**비누의 계면 활성제가
바이러스의 외피를 파괴**

계면 활성제의 소수성 부분이
바이러스 외피에 붙음.

소수성　친수성

계면 활성제의 친수성 부분이
끌어당겨 바이러스 외피가 파괴

비누가 바이러스를 파괴하는 원리. ⓒ 한화 공식 블로그 케미인

Q. 약국에서 구매한 자가진단 키트를 써서 코로나19 감염 여부를 검사
해 보았는데 음성이 나왔습니다. 안심해도 될까요?

A. 그렇지 않습니다. 자가진단 키트는 항원-항체 분석법을 사용
하는데, 정확도는 PCR 검사보다 훨씬 낮습니다. 자가진단 키
트에서 음성이 나왔다고 하더라도 실제로는 감염되었을 가
능성이 있습니다. 정확한 진단을 위해서는 진료소를 방문해
PCR 검사를 받아보는 것이 좋습니다.

Q. 에탄올이 함유된 손 소독제가 정말로 코로나19를 박멸해 주나요?

A. 에탄올은 지질로 이루어진 바이러스 외피를 터뜨리고 외피 내에 있는 단백질을 변성시켜 제 역할을 못하게 만듭니다. 외피를 가지고 있지 않은 바이러스에는 효과가 없는 경우도 있지만 코로나19는 외피를 가지고 있기 때문에 에탄올 손 소독제가 효과를 발휘할 수 있습니다. 다만 손톱, 손가락 사이사이 등 구석구석 꼼꼼하게 묻혀야 합니다.

그리고 에탄올 손 소독제를 너무 많이 쓸 경우 피부가 건조해져 손상될 가능성이 있습니다. 아이들과 임산부라면 더욱 조심해야 합니다. 손을 꼼꼼하게 씻는 것으로도 바이러스를 충분히 제거할 수 있으니 손 소독제를 과도하게 쓰는 것은 좋지 않습니다.

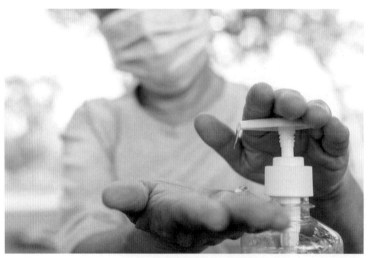

에탄올은 인화점이 낮아 쉽게 불이 붙을 수 있으므로 사용시에는 화재에 주의해야 한다.

A. 델타 변이 바이러스가 본격적인 유행을 일으킨 이후로 코로나 19의 치사율이 낮게 측정되고 있는 것은 사실입니다. 기존 바이러스는 나라마다 다르지만 전 세계적으로 2% 정도의 치사율을 보였습니다. 그런데 2021년 6월 25일 영국공중보건국의 보고서에 따르면 델타 변이 확진자는 28일 동안 0.3%의 치사율을 보였습니다.

하지만 1부에서 설명했듯이 치사율은 바이러스의 독성뿐만 아니라 여러 가지 요소의 영향을 받습니다. 대표적으로 전염병에 걸린 사람들의 연령 분포, 효과적인 치료가 가능한지의 여부, 백신 접종 비율 등에 따라 치사율이 달라질 수 있습니다. 기존 바이러스가 유행할 때보다 델타 변이 바이러스가 유행하는 시점에서 백신 접종률이 높아졌으니 사망까지 가는 사람의 수가 백신의 효과로 인해 줄어들었을 수 있습니다. 그리고 유행이 1년 반 이상 지속되면서 중증 환자의 치료 방법에 대한 노하우가 쌓인 것도 있습니다. 처음에는 어떤 시기에 어떻게 환자를 관리해야 하는지, 어떤 치료제를 써야 하는지 전혀 몰랐다면 이제는 그런 면에서 경험이 좀 더 쌓여 치사율

이 낮아진 것입니다. 또한 지
금은 주로 신체가 건강한 젊은
층에서 코로나19가 유행하고
있어서 사망까지 이르는 경우
가 줄어든 것도 있습니다. 하지
만 여전히 매년 유행하는 인플
루엔자보다는 치사율이 높다
는 점, 백신 접종을 하지 않아
감염에 취약한 계층이 있다는

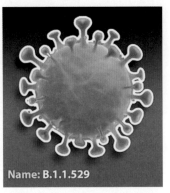

아프리카 보츠와나에서 발견된 오미크
론 변이 코로나19 바이러스 ⓒ 데일리
메일

점, 효과적인 치료제가 개발되지 않았다는 점 때문에 안심하
기는 어렵습니다. 결론적으로 말해 방역의 고삐를 풀기는 아
직 이른 것으로 보입니다.

Q. 코로나19의 후유증으로 탈모 증상이 있다고 하는데, 사실인가요?

A. 코로나19를 앓고 난 후 탈모 증상이 생기는 사례는 상당히 많
이 알려져 있습니다. 하지만 그것이 코로나19만의 특이적 후
유증이라고 보기는 어렵다는 것이 전문가들의 중론입니다. 인
체가 힘든 일을 겪었다는 점 때문에 생기는 것이지, 코로나19
바이러스가 모발과 관련된 곳을 공격하거나 하는 것은 아니
라는 것입니다. 탈모는 사고, 스트레스, 큰 질병 등에 의해 일
시적으로 생길 수 있는데 코로나19에 의한 탈모도 그런 경우

에 해당하는 것으로 보입니다. 따라서 회복 후 어느 정도 시간이 지나면 탈모 증상도 완화될 가능성이 높습니다.

> **Q.** 백신을 맞더라도 여전히 바이러스에 감염되는 사례가 있다고 들었습니다. 그렇다면 백신을 맞아도 소용이 없는 것 아닌가요?

A. 백신을 맞아도 바이러스에 감염될 수 있는 것은 맞습니다. 이 경우 두 가지로 나누어 살펴볼 수 있습니다. 첫째로 백신 접종 후 충분한 시간이 지나지 않은 경우입니다. 백신을 맞더라도 바로 항체가 형성되는 것은 아닙니다. 우리 몸에서 코로나 바이러스에 대한 항체를 형성하기까지 어느 정도 시간이 걸리고, 그동안은 바이러스에 여전히 취약할 수 있습니다. 그리고 여러 차례 맞아야 효과가 완전히 발휘되는 백신의 경우, 접종을 최종 완료하기까지 효과가 충분하지 않을 가능성이 있습니다. 둘째로 백신 접종 후 시간이 지났는데도 충분히 항체가 형성되지 않을 수 있습니다. 이것은 감염자의 신체 상태에 따라 달라지는 문제이므로 딱 잘라 말하기는 힘듭니다.

그렇다고 해도 백신이 소용이 없는 것은 아닙니다. 백신은 바이러스 감염의 가능성을 크게 줄여 줍니다. 효과가 비교적 적은 백신이더라도 바이러스 감염 가능성을 절반 이하로 줄여주기에 몇몇 예외 사례가 있다고 하더라도 백신을 맞는 것이 코로나19 예방에 도움이 된다는 점은 의심할 여지가 없는 사실입니다. 또한 백신은 감염 가능성만 낮춰 주는 것이 아니라 감염되었을 경우의 중증도를 낮춰 줍니다. 백신을 접종하면 몸속에 항체가 생기는데, 항체 양이 충분하지 않아서 감염을 완전히 막지는 못하더라도 바이러스의 수를 줄여 주는 역할을 할 수 있습니다. 그래서 만약 백신을 맞지 않았으면 사망에 이르렀을 사람은 사망까지는 가지 않도록, 심각한 증세를 보였을 사람은 덜 심각하게 앓도록 증세가 약화됩니다. 집단 면역 달성을 위해서도 백신을 맞을 필요가 있습니다. 1부에서 설명했듯이 인구 집단의 일정 비율 이상이 전염병에 면역을 가지면 면역을 가지지 않은 사람도 해당 전염병에 걸리지 않게 됩니다. 따라서 백신을 맞는 일은 공동체를 보호하는 수단이기도 합니다.

Q. 백신을 맞고 나면 마스크를 안 써도 되나요?

A. 백신을 맞더라도 마스크를 쓰는 것이 바람직합니다. 백신이 100%의 예방률을 보이는 것은 아니며 접종 후 어느 정도 시간이 지나면 예방 효과도 천천히 감소합니다. 백신을 맞고도 감염될 가능성이 낮게나마 있기에 마스크를 써서 더욱 안전하게 예방하는 것이 중요합니다.

그리고 백신이 예방 효과를 충분히 보여 준다고 해도, 바이러스가 인체 내에 아예 침투하지 않는 것은 아닙니다. 백신을 통해 만들어진 항체는 바이러스가 인체 내에 침투한 후에 물리치는 것이지, 아예 침투하지 못하게 만들지는 않습니다. 따라서 백신을 맞은 본인은 바이러스가 침투해도 감염증에 걸리지 않을지라도, 바이러스를 다른 사람에게 옮기는 역할을 할 수가 있습니다. 바이러스를 다른 사람들에게 전파하지 않기 위해서라도 마스크를 쓰는 것이 좋습니다.

Q. 고혈압이나 당뇨가 있는 사람은 백신 접종이 위험한가요?

A. 코로나19는 세포의 ACE2 수용체와 결합해 세포 내로 침투합니다. ACE2는 혈압의 조절과 관련된 수용체이기 때문에 고혈압이나 당뇨를 앓아 혈관이 약한 환자들에게 더 위험한 증세를 일으킬 수 있습니다. 따라서 고혈압이나 당뇨를 앓고 있다면 오히려 백신 접종을 더욱 적극적으로 해야 합니다.

여러 수단을 동시에 사용함으로써 예방 효과를 극대화할 수 있다.

변이 바이러스들과 향후 전망

코로나19는 2020년 등장한 이래 수많은 사람의 소중한 생명을 앗아갔으며 막대한 경제적, 사회적 피해를 입혔고 아직 종식될 기미도 보이지 않고 있습니다. 그렇다면 코로나19의 대유행은 앞으로 어떻게 진행될까요? 천연두처럼 몇 년 내에 지구상에서 박멸할 수 있을까요? 아니면 인플루엔자처럼 대유행이 끝난 뒤에도 끊임없이 새로운 종과 변이가 출현해 매년 유행하는 질병이 될까요?

안타깝게도 다수의 전문가들은 코로나19가 완전히 종식되지는 않을 가능성이 크다고 보고 있습니다. 인류가 박멸하는 데 성공한 천연두의 경우, 유전 정보 저장에 DNA를 사용하는 DNA 바이러스입니다. DNA는 RNA보다 안정적이기 때문에 변이가 적게 일어납니다. 그래서 한 번 백신을 맞거나 병을 한 번 앓고 나면 생기는 항체가 천연두 바이러스에 계속 효과를 발휘합니다. 그래서 비교적 용이하게 박멸이 가능했던 것입니다.

하지만 코로나19는 유전 정보 저장에 RNA를 사용하는 RNA

바이러스이기 때문에 변이가 나타나기 쉽습니다. RNA에 변이가 일어나면 그 RNA를 기반으로 만들어진 단백질이 변하게 됩니다. 그 결과 기존 바이러스에 감염됐거나 백신을 접종해 항체가 형성되었다고 하더라도 항체가 충분히 효과를 발휘하지 못할 수 있습니다. 항체는 바이러스의 특정 부분과 잘 결합하는 특징을 갖고 결합하는데 그 부분의 모양이 변하면 더 이상 결합하지 못하게 되기 때문입니다.

이처럼 코로나19는 면역을 회피하는 변이를 계속 만들어 낼 수 있기 때문에 매 겨울마다 유행하는 인플루엔자처럼 완전히 종식되지 않고 주기적으로 유행할 것이라고 전망되는 것입니다. 실제로도 코로나19가 유행하기 시작한 이후 1년 남짓한 기간 만에 알파, 베타, 감마, 델타 등의 변이가 생겼듯이 앞으로도 끊임없이 변이 바이러스가 등장할 가능성이 높습니다.

특히 2020년 10월 인도에서 처음 발견되고 2021년에 들어와 전 세계로 확산된 '델타 변이'는 백신 개발로 곧 유행이 종식될 것이라는 전망에 찬물을 끼얹었습니다. 델타 변이가 문제가 되는 이유는 다음과 같습니다. 첫째, 기존 바이러스보다 약 2.5배 정도 전염력이 강한 것으로 알려져 있습니다. 델타 변이는 인체 내에서 기존 바이러스보다 훨씬 빠르게 증식합니다. 그래서 그만큼 다른 사람에게 전염이 가능하기까지 걸리는 시간도 짧아진 것이지요. 기존 바이러스 감염자가 감염 후 6일이 지나면 다른 사람을 감염시키기에 충분한 바이러스가 몸속에서 증식했다면, 델타 변이는

4일만 지나도 충분하게 증식을 한다는 것입니다. 기존 코로나19는 인구의 약 70%가 후천 면역을 갖게 되면 집단 면역이 생길 것이라고 여겨졌으나 델타 변이는 그것보다 높은 비율이 후천 면역을 가져야 합니다. 둘째, 앞서 이야기했던 것처럼 기존 바이러스에 맞춰서 만들어진 백신은 변이 바이러스에 효과가 떨어질 수 있습니다. 델타 변이 역시 마찬가지입니다. 백신마다 차이가 있지만 대부분의 백신은 델타 변이에 대해 기존 바이러스보다 효과가 떨어진다고 알려져 있습니다. 또한 백신 접종 후 5, 6개월이 지나 항체가 감소하여 코로나19 감염, 중증 및 사망 예방 효과가 감소하는 현상(waning immunity)도 일어나고 있습니다. 면역 감소와 델타 변이 바이러스가 동시에 문제가 되어 2021년 겨울 기준 북반구에서는 코로나19 팬데믹이 다시 발생하고 있습니다. 그리고 코로나19 백신의 추가 접종(booster vaccination)이 표준으로 자리를 잡아가고 있습니다. 다행인 점은 백신의 효과가 아예 없어진 것은 아니기에 현재로서는 백신을 맞는 것이 최선의 방법입니다.

주요 코로나19 변이 바이러스

- **알파 변이**: 영국에서 처음 발견되었습니다(다만 영국에서 발생한 것은 아닐 가능성이 높습니다). 전염력이 원래의 바이러스보다 1.7배 정도나 강하다고 알려져 있습니다. 강력한 전염력으로 인해 백신

접종률이 올라가면서 코로나 유행이 줄어들고 있었던 유럽 여러 나라를 긴장시켰습니다. 하지만 백신이 충분한 효과를 발휘하기도 했고 델타 변이가 널리 퍼지면서 곧 줄어들었습니다.

- **베타 변이**: 남아프리카공화국에서 발견되어 백신을 거의 무력화하는 변이로 악명이 높았습니다. 그러나 전염력이 특별히 강하지는 않아 크게 퍼지지 않았고 이 역시 델타 변이가 널리 퍼지기 시작하면서 거의 모습을 감췄습니다.

- **감마 변이**: 브라질에서 발견된 변이 바이러스로 전염력도 기존 바이러스보다 전파력이 2배 정도 강하면서 백신의 효과도 줄이는 변이였으나 널리 퍼지지는 않았습니다. 그래도 91개국에서 감염자가 나오는 등, 어느 정도 피해를 준 편입니다.

- **델타 변이**: 2021년 10월 현재까지 발견된 주요 변이 중 가장 전염력이 강한 변이로, 기존 바이러스보다 약 2.5배에 달하는 전염력을 보입니다. 세계 백신 접종률이 상당히 올라갔음에도 불구하고 여전히 유행이 지속되고 있는 가장 강한 이유입니다. 백신 미접종자를 중심으로 빠르게 퍼지고 있으며 일부 백신 접종자도 감염시키고 있습니다. 2021년 2월만 해도 코로나19 확진자의 2%만이 델타 변이 바이러스 감염이었지만 7월에는 89%를 차지하였으며, 8월 이후 코로나19 감염은 대부분 델타 변이 바이러스 감염이라고 봐도 무방합니다.

- **람다 변이**: 2020년 12월 남아메리카 페루에서 처음 발견된 변이 바이러스입니다. WHO에 의하면 2021년 4월부터 페루에서 발생

한 코로나19 확진자의 81%가 이 람다 변이에 해당된다고 합니다. 주변국인 아르헨티나, 브라질, 칠레 등 남아메리카를 중심으로 퍼지고 있습니다.

- **뮤 변이**: 2021년 1월 콜롬비아에서 보고된 이 바이러스는 현재 페루, 칠레, 미국 등 50여 개 국가에 전파되어 있습니다. 전파율과 치명률이 높을 것으로 예측되고 있지만 아직 더 많은 분석이 필요한 상황입니다. 국내에서도 소수의 확진자가 확인된 상황입니다.

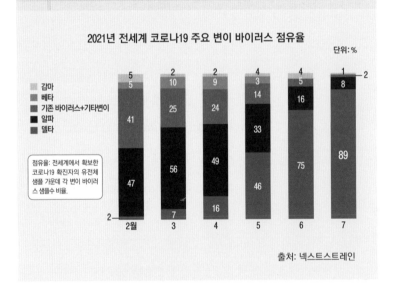

2021년 전세계 코로나19 주요 변이 바이러스 점유율

출처: 넥스트스트레인

다만 코로나19가 완전히 종식되지 않는다고 해서 계속 강력한 사회적 거리 두기를 실시하고 각종 활동이 제약된 상태로 있어야

하는 것은 아닙니다. 계절성 인플루엔자가 매년 유행한다고 그때마다 봉쇄를 하지 않는 것과 마찬가지입니다. 계절성 인플루엔자는 많은 사람들이 백신 주사를 맞기 때문에 어느 정도 유행을 통제할 수 있고, 감염되더라도 백신 덕분에 심각하게 앓는 경우는 드뭅니다. 게다가 인플루엔자에는 상당히 효과적인 치료제도 있습니다. 그래서 인플루엔자의 유행이 위험하기는 하지만 사회 전체가 강도 높은 방역 수칙을 지켜야 할 정도는 아닙니다.

코로나19 역시 백신 접종률이 올라가면 인플루엔자와 비슷하게 관리를 할 수 있으리라 기대됩니다. 높은 백신 접종률이 전염

영국과 이스라엘 등 백신 접종률이 높은 국가에서는 '위드 코로나' 방역 체계로 전환하고 있는 반면 뉴질랜드나 홍콩 같은 국가는 확진자를 0명으로 만들겠다는 '제로 코로나' 정책을 유지하고 있다. 사진은 영국 프리미어 리그에서 노 마스크로 응원하는 관중들.

을 완전히 막지는 못하더라도 유행을 상당히 줄일 수 있을 것입니다. 그리고 백신을 맞은 사람은 병이 심각하게 진행되지는 않아서 사망에까지 이르는 경우도 많이 줄어들 것입니다. 치료제가 개발되면 더더욱 대처하기가 쉬워지고요. 장기적으로는 부득이하게 코로나와의 공존을 인정하는 '위드 코로나' 정책으로 가게 될 것입니다. 하지만 2021년 10월 현재로서는 아직 전 세계적으로 백신 접종률도 높지 않고, 효과적인 치료제도 개발되지 않았습니다. 그렇기 때문에 여전히 코로나19에 걸리면 큰 문제가 생길 수 있으며 방역 조치를 완화하지 않고 있는 것입니다.

✸ 코로나19는 완전히 사라지지 않고 매년 찾아오는 전염병이 될 가능성
이 크기에 언제까지고 고강도 방역 조치를 취할 수는 없을 것입니다.
그렇다면 과연 어느 시점에 방역 조치를 완화해야 할까요? 코로나19
에 건강을 위협받는 기저 질환자, 고령층의 건강권과 다른 사람들이
사회적, 경제적 자유를 누릴 수 있는 권리 사이의 균형을 어떻게 맞추
어야 할까요?

✸ 코로나19 대유행이 장기화되면서 사회적 직접 접촉 활동 등이 심각하
게 제한되었고 많은 사람들이 '코로나 블루'로 대표되는 심리적 문제
를 겪고 있습니다. 방역에 문제를 일으키지 않으면서 이러한 심리적
문제를 완화할 수 있는 방법은 무엇이 있을까요?

✸ 기존 코로나19의 유행이 어느 정도 잦아들고 백신 접종도 시작된 시
기에 새로운 변이 바이러스가 세계적으로 퍼지면서 대유행이 장기화
되었습니다. 앞으로도 이처럼 강력한 변이가 나올 가능성이 있을까
요? 그런 변이가 등장한다면 고강도 방역 조치를 계속 이어나가야 할
까요?

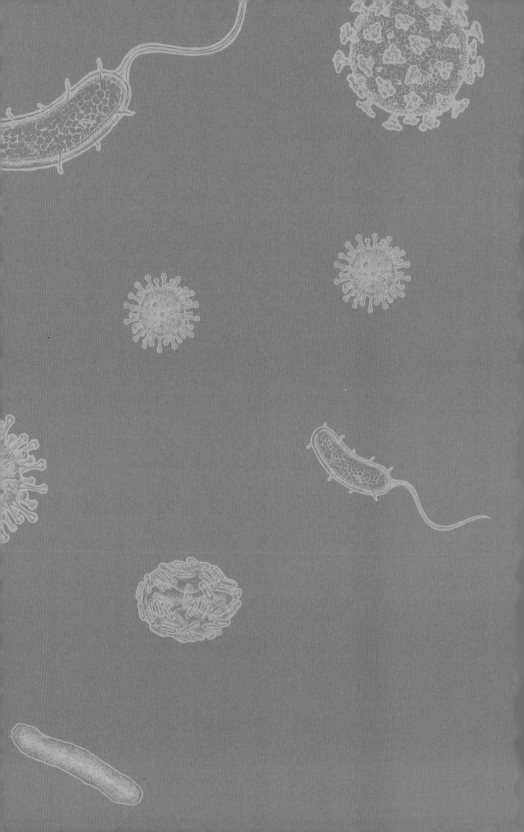

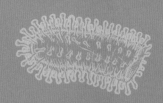

5부

코로나19 이후
전염병과의 싸움

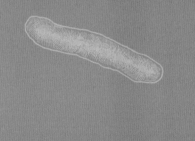

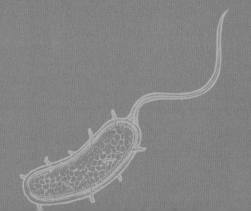

항생제와 항바이러스제

아직 세균과 바이러스 등 미생물이 전염병을 일으킬 수 있다는 점이 알려지지 않은 과거에는 전염병에 대한 효과적인 대응이 힘들었습니다. 인류가 전염병을 일으키는 미생물을 효과적으로 물리칠 수 있게 된 지는 오래되지 않았습니다. 세균이 발견된 것은 현미경이 발명된 17세기였지만, 세균이 병을 일으킬 수 있다는 점이 발견된 것은 19세기 중반 이후입니다. 물론 세균이 병을 일으킨다는 점을 몰랐어도 3부에서 언급한 흑사병에 대한 이탈리아 도시들의 대응에서 볼 수 있듯이, 어느 정도 전염병에 대한 대응책을 마련하는 것은 가능했습니다. 하지만 이것이 근본적인 해결책이 될 수는 없었습니다. 병의 원인을 제거하는 법을 알지 못했기 때문입니다. 1905년 러일 전쟁 이전까지 거의 대부분의 전쟁에서 전투로 인한 사망자보다 전염병으로 인한 사망자가 많았다는 사실은 전염병에 대한 대응이 얼마나 어려웠는지를 단적으로 보여 줍니다.

이런 상황에서 세균에 의한 질
병에 인류가 효과적으로 대응할
수 있게 된 것은 항생제의 발견 덕
분입니다. 항생제는 각종 미생물,
특히 세균의 생장이나 증식을 억
제하는 물질을 말합니다. 항생제
는 인체에는 별로 해롭지 않으면
서 인체에 침입한 세균을 파괴하

알렉산더 플레밍 기념우표.

거나 증식을 억제하는 효과를 가지고 있습니다. 가장 유명한 항생
제인 페니실린을 예로 들어보겠습니다. 페니실린은 최초의 항생제
로 1928년 알렉산더 플레밍(Alexander Fleming, 1881~1955)이 포도상 구
균(포도 모양의 동그란 균으로 대부분 인체에 무해한 토양 미생물)을 연구하던
중에 우연히 발견했습니다.

플레밍은 포도상 구균을 연구하기 위해 배양 접시에서 배양하
고 있었는데, 실수로 배양 접시의 뚜껑을 닫지 않고 오랜 시간 놔
뒀던 것입니다. 뚜껑을 덮지 않았으니 각종 오염 물질이 배양 접시
에 들어왔을 테고, 따라서 실험에 더 이상 쓸 수가 없어 폐기해야
되는 상황이었습니다. 그런데 플레밍이 배양 접시를 잘 관찰해보
니, 푸른곰팡이가 피어 있고 그 주위에는 포도상 구균이 자라지
못하고 있었습니다.

이 모습을 발견한 플레밍은 푸른곰팡이에 들어 있는 어떤 성분
이 포도상 구균을 죽이는 역할을 한다고 생각했고, 그 물질을 추

출하려고 노력했습니다. 그 결과 발
견된 것이 페니실린입니다. 과학에서
우연한 발견을 '세렌디피티(serendipity)'
라고 부르는데, 페니실린은 세렌디피
티의 대표적인 사례입니다. 플레밍
은 이 업적으로 1945년에 노벨생리
의학상을 수상했습니다. 다만 페니
실린을 추출하는 과정이 순조로웠
던 것만은 아닙니다. 하워드 플로리

호주 애들레이드에 세워진
하워드 플로리의 흉상.

(Howard Walter Florey), 언스트 체인(Ernst
Boris Chain) 등이 페니실린의 효과를 연구하고 추출하는 데 큰 역할
을 했기 때문에 이들도 플레밍과 함께 노벨상을 받았습니다.

페니실린이 세균을 증식하지 못하게 하는 원리는 세균이 세포
벽을 형성하지 못하게 하는 것입니다. 세균은 세포벽이라는 단단
한 막으로 둘러싸여 있고 그 아래에는 세포막이라는 얇은 막이
있는데 이 안에 유전 물질을 비롯한 각종 물질이 들어 있는 구조
로 되어 있습니다. 그리고 세균이 증식할 때 가운데에 세포벽이 생
기면서 둘로 나누어집니다. 그런데 만약 세포벽이 생기지 않는다
면 세균이 증식할 때 벽이 없어 그냥 터져 죽게 됩니다. 사람의 세
포는 세포막만 있고 세포벽이 없기 때문에 세포벽의 생성을 억제
하는 페니실린은 인체에 큰 악영향을 끼치지는 않습니다. 우리 몸
에 악영향을 끼쳤다면 애초에 항생제가 아니라 독극물로 취급됐

을 것입니다. 다만 세균에는 질병을 일으키는 것뿐만 아니라 우리에게 여러 가지 도움을 주는 세균도 있는데 그런 이로운 세균까지 페니실린이 죽임으로써 간접적으로 인체에 피해를 줄 수는 있습니다.

페니실린 이후로 여러 가지 항생제가 발견되면서 세균을 효과적으로 죽일 수 있는 수단이 늘어났습니다. 그리고 항생제를 인공적으로 합성하는 방법도 개발되었습니다. 이렇게 발견, 개발된 항생제는 다양한 원리로 살균 작용을 합니다. 페니실린처럼 세균이 세포벽을 만들지 못하게 하는 항생제도 있고 세균이 생존하는 데 필수적인 단백질을 합성하지 못하게 하는 것이나 유전 물질을 합성하지 못하게 하는 것 등이 있습니다.

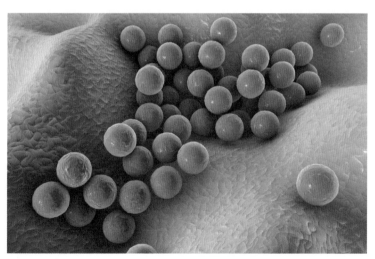

피부 또는 점막의 표면에 있는 포도상 구균.

항생제의 원리와 종류

- **세포벽 합성 억제**: 세포벽의 합성을 막아서, 내용물이 방출되게 합니다.
- **단백질 합성 억제**: 세균의 단백질을 합성하는 '리보솜'이라는 세포소 기관의 작용을 방해합니다. 리보솜은 사람의 세포에도 있지만 사람과 세균의 리보솜은 조금 다르기 때문에 사람에게 끼치는 영향은 작습 니다.
- **유전 물질 합성 억제**: RNA, DNA의 합성을 억제합니다. RNA는 유전 정보를 전달해 단백질 합성을 하게 하는데 RNA 합성이 억제되면 더 이상 단백질이 합성되지 않아 세균이 죽습니다.
- **세포대사 억제**: 세균이 각종 영양소를 합성하지 못하게 합니다.
- **세포막 변경 및 파괴**: 세균이 세포막으로 영양소를 흡수하지 못하게 하거나 세포막을 파괴합니다.

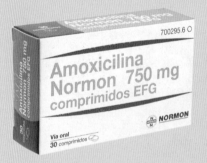

반합성 페니실린계 항생 물질 아목시실린.

항생제는 세균에게는 효과적이지만, 바이러스에는 효과적이지 않습니다. 바이러스는 세균과 다른 구조를 갖고 있으며 세균과는 다른 방식으로 인체에 침입해 증식하기 때문입니다. 그래서 바이러스의 생장과 증식을 억제하기 위해 항생제와는 다른 물질이 필요합니다. 이러한 항바이러스제는 바이러스의 증식을 방해하는 작용을 합니다.

항바이러스제의 원리와 종류

- **유전 물질 합성 억제**: 바이러스가 DNA나 RNA의 합성하는 일을 막아서 더 이상 증식하지 못하게 합니다.
- **침입 억제**: 바이러스의 스파이크 단백질에 결합해 인체 세포로 침입하는 것을 막습니다.

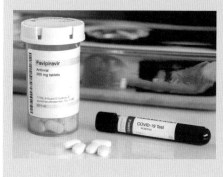

일본 도야마화학공업이 개발한 RNA 바이러스 항바이러스제 파비피라비르 (아비간). 코로나19 치료에 효과적이라고 발표했지만 미국 보건부는 부정적인 견해를 보였다.

백신

1부에서 다뤘듯이 인체는 침입한 병원체에 대한 항체를 만들고, 그 정보를 기억하여 그 병원체가 다시 침입했을 경우 재빠르게 항체를 만들어 대비합니다. 이것을 후천 면역이라고 합니다. 후천 면역 덕분에 한 번 걸렸던 병에는 다시 걸리지 않거나, 걸리더라도 비교적 약하게 앓게 됩니다. 후천 면역은 병원체가 침입한 후에 생기지만 병원체의 침입 전에 인위적으로 만들 수도 있습니다. 그러한 역할을 하는 의약품이 바로 백신입니다. 백신은 약화되거나 죽은 병원체, 혹은 병원체의 일부분으로 이루어져 있습니다. 백신이 인체 내에 주입되면 인체는 그것을 실제 병원체로 인식하여 항체를 만들고 그 정보를 기억합니다. 그러면 나중에 정말로 해당 병원체가 침입했을 때, 기억된 정보를 바탕으로 대량의 항체를 빠르게 만들 수 있게 됩니다. 항체는 병원체를 물리치는 아주 강력한 무기이기 때문에 항체가 만들어지면 해당 병원체를 쉽게 물리칠 수 있게 됩니다.

이렇듯 백신은 인체가 특정 병원체에 대한 항체를 미리 형성하고 그 정보를 저장해서, 나중에 그 병원체가 일으키는 질병을 예방합니다. 그래서 백신을 접종하는 일을 '예방 접종'이라고 부르기도 합니다.

국가 필수 예방 접종

예방 접종명	접종 시기	
	기본 접종	추가 접종
인플루엔자	생후 6개월~만 12세 이하 어린이 매년 1회	
A형 간염	12개월~36개월	1차 접종 후 6개월~12개월까지
자궁경부암	만 11세~만 12세	1차 접종 후 6개월 뒤
BCG(결핵)-피내	생후 4주 이내 (3~4주)	
B형 간염	0, 1, 6개월	고위험 대상자 외에는 추가 접종을 권장하지 않음
DTaP (디프테리아, 파상풍, 백일해)	2, 4, 6개월 (혼합 백신 DTaP-IPV권장)	18개월, 만 4~6세
Polio(소아마비)		만 4~6세
MMR(홍역, 볼거리, 풍진)	12~15개월	만 4~6세
수두	12~15개월	

일본뇌염(사백신)	1차: 생후 12~23개월 2차: 1차 접종 후 7~30일 3차: 2차 접종 12개월 후	만 6세, 만 12세
일본뇌염(생백신)	1차: 생후 12~13개월 2차: 1차 접종 후 12개월 후	
Td 또는 Tdap	만 11~12세	
B형 헤모필루스 인플루엔자 뇌수막염	2~6개월: 3회 7~11개월: 2회 12~14개월: 1회 15~59개월: 1회	12~15개월 12~15개월 2개월 후
소아폐렴구균	2, 4, 6개월	12~15개월

출처: 하동군 보건소

생백신, 사백신

생백신은 병원체 자체를 인체에 주입해 항체를 생성시키는 방식입니다. 살아 있는 병원체를 직접 인체에 주입하기 때문에 '생(生)백신'이라고 부르는 것입니다. 물론 살아 있는 병원체를 인체에 그대로 주입하면, 오히려 이 병원체가 질병을 일으킬 수가 있겠지요. 그래서 생백신을 쓸 때는 주입하는 병원체가 질병을 일으키지 않도록 충분히 약화한 뒤에 주입합니다. 약화된 병원체도 겉모양은 일반 병원체와 똑같기 때문에, 약화된 병원체를 공격하도록 형성된 항체가 나중에 침입한 일반 병원체에 대해서도 똑같이 작용할 수 있습니다. 생백신은 가장 단순하고 전통적인 방식의 백신이라고 할 수 있습니다. 생백신의 장점은 예방 효과가 강력하다는 점입니다. 하지만 제대로 약화되지 않은 병원체를 백신으로 이용하면 해당 병원체에 감염될 위험이 있다는 단점도 있습니다. 2부 1장에서 소개한, 에드워드 제너의 우두법 역시 일종의 생백신 주입이라고 할 수 있습니다.

사실 제너가 우두법을 창안하기 전에도 비슷한 방법이 세계 여러 곳에서도 쓰이고 있었습니다. 우리나라를 비롯한 동아시아에서도 일부러 천연두를 약하게 앓게 함으로써 항체를 형성시키는 방법을 사용하고 있었습니다. 천연두를 한 번 앓고 난 사람은 대부분의 경우 평생 동안 천연두에 다시 걸리지 않는다는 점을 오랜 경험을 통해 알고 있었기 때문입니다. 그래서 환자의 옷을 입거나, 환자의 고름을 말려 가루로 만들고 코로 흡입하는 등 작은 양의 병원체를 인체에 주입하여 항체를 형성시켰던 것입니다. 물론 당시에는 천연두의 원인이 바이러스라는 점, 병원체를 주입하면 항체가 형성된다는 점을 모르고 했지만 결과적으로 백신과 똑같은 원리를 이용한 셈입니다. 이 과정에서 병원체를 적당한 양만 주입하기가 쉽지 않아서 예방을 하려다가 오히려 천연두에 걸리는 경우도 적지는 않았습니다. 다만 당시 천연두가 워낙 무서운 질병이다 보니 그런 위험성을 감수하고 예방을 시도해봤던 것입니다.

'사(死)백신'은 죽거나 불활성화된 병원체를 주입해 항체를 생성시키는 것입니다. 생백신이 약해진 병원체를 주입한다고는 하지만 아무래도 병원체가 살아 있기 때문에 병을 일으킬 가능성을 완전히 없애지는 못합니다. 하지만 사백신은 죽거나 불활성화된 병원체를 이용하기 때문에 그런 위험이 크게 줄어듭니다. 즉, 생백신에 비해 훨씬 안전하다는 것이 사백신의 장점이라고 할 수 있습니다. 반면 생백신에 비해 면역 반응을 활성화하는 효과는 조금 떨어진다는 문제점이 있습니다.

사백신의 일종으로 단백질 기반 백신이라는 것도 있습니다. 단백질 기반 백신은 병원체 전체가 아니라, 병원체를 이루는 일부 단백질을 인체에 주입하는 것입니다. 예를 들어 바이러스성 질병을 막기 위한 백신은 바이러스의 외피를 주입하거나 외피에 돋아 있는 스파이크를 주입합니다. 외피를 주입하는 경우 항체가 효과적으로 생성된다는 장점이 있지만 외피 전체를 만들어 내야 하기 때문에 백신 생산이 힘들다는 단점이 있습니다. 반대로 외피에 돋아 있는 스파이크 단백질만 주입하는 경우는 항체 형성이 덜 되지만 백신 생산은 상대적으로 쉽다는 장점이 있습니다.

바이러스 벡터 백신

바이러스 벡터 백신이란 인체에 침투할 수 있는 살아 있는 바이러스를 항체 형성 물질 운반체로 이용하는 백신입니다. 인체에 거의 무해한 바이러스를 이용해 다른 병원체에 대한 면역을 형성시키는 것이지요. '벡터'란 운반체를 뜻합니다. 운반체로 이용하는 바이러스에 병원체의 유전 물질을 넣으면 운반체 바이러스가 세포 내에 침투해 항체 형성 대상의 유전 물질을 세포 내에 방출합니다. 이렇게 방출된 병원체의 유전 물질로 인해 병원체의 단백질

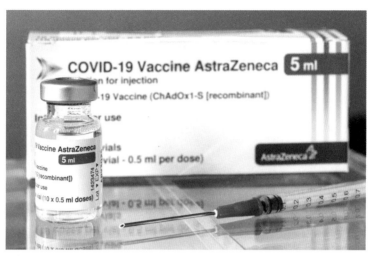
아스트라제네카 백신. 공식 명칭은 AZD1222이다.

이 합성되고 그에 대한 항체가 인체 내에 형성됩니다. 물론 운반체로 이용하는 바이러스 자체가 인체에 문제를 일으킬 수도 있기 때문에 운반체 바이러스로 무엇을 사용할지 신중하게 고려해야 합니다. 주로 사용되는 운반체 바이러스는 아데노바이러스인데, 원래의 아데노바이러스를 그대로 사용하기보다는 일부 유전자를 조작하여 독성과 감염력을 제거해 인체에 최대한 무해하게 만든 후 사용합니다.

코로나19 백신 중 하나인 아스트라제네카 백신이 바로 이러한 방식으로 개발되었습니다. 아스트라제네카 백신은 코로나바이러스의 유전 물질을 아데노바이러스의 주형에 주입해 인체에 침투시킵니다. 몸속으로 들어온 아데노바이러스는 자신의 유전 물질을 세포 내에 방출하면서 코로나바이러스의 유전 물질도 함께 방출하게 됩니다. 이렇게 방출된 코로나바이러스의 유전 물질로 인해 인체 내에서 코로나바이러스의 일부가 생성됩니다. 그래서 코로나바이러스에 대한 항체가 생성되는 것입니다.

mRNA 백신

mRNA(여러 종류의 RNA 중에서 유전 정보를 전달하는 역할을 하는 RNA) 백신은 2020년에 처음으로 상용화된 유형의 백신입니다. 따라서 현재로서는 가장 최신 기법을 이용한 백신이라고 할 수 있습니다. 코로나19 백신으로 개발된 화이자-바이오엔테크의 백신과 모더나의 백신이 바로 인류 최초의 mRNA 백신입니다. mRNA 백신은 바이러스 벡터 백신과 마찬가지로 병원체의 유전 물질을 인체에 주입해 면역 반응을 이끌어 냅니다. 다만 바이러스 벡터 백신과 달리 바이러스를 운반체로 이용하지 않고 인지질을 이용합니다. mRNA 백신의 원리는 이론적으로는 예전부터 구상이 되었고 개발 시도도 이어지고 있었지만, 상용화까지는 수년에서 수십 년까지 걸릴 것이라는 예상이 많았습니다. 하지만 코로나19가 전 세계를 덮치면서 백신 개발을 앞당기기 위한 엄청난 자본과 인력이 투입된 덕분에 본격적인 연구에 착수한지 1년이 채 되지 않아 화이자-바이오엔테크와 모더나에서 개발에 성공합니다. 그래서 현재 상용화된 mRNA 백신은 코로나19용 백신밖에 없습니다. mRNA 백신은 높은 효과와 비교적 적은 부작용으로 코로나19 극복에 큰 역할을 할 것으로 기대되고 있습니다. mRNA 백신은 우리 몸의 세포막을 이루는 성분인 인지질로 주머니를 만들고 그 안에 코로나19의 스파이크 단백질을 부호화하는 mRNA를 넣어 세포로 전달합니다. mRNA 백신의 주머니와 우리 몸의 세포막은 둘 다 인지질로 이루어져 있기 때문에, 백신의 주머니가 세포와 합쳐지면서 주머니 안에 들어있던 mRNA가 세포 내부로 방출됩니다. 이렇게 세포 내에 들어간 mRNA는 세포 내에서 바이러스의 스파이크 단백질을 만들어 냅니다. 그러면 인체는 바이러스의 스파이크 단백질을 인식하고 이에 대한 항체를 만듭니다.

사실 mRNA가 불안정하다는 점 때문에 mRNA 백신보다는 DNA 백신을 개발하려는 시도도 많았고 지금도 개발이 진행되고 있습니다. 그럼에도 mRNA 백신이 먼저 개발된 것은 DNA 백신의 작용 과정이 더 복잡하기 때문입니다. mRNA 백신의 경우 mRNA를 세포 내에 집어넣기만 하면 곧바로 해당하는 단백질이 생성됩니다. 하지만 DNA는 세포 내에 들어간 다음, 다시 핵막을 통과해서 세포핵 내부로 침투한 후에 mRNA로 전사된 뒤 mRNA가 세포핵 밖으로 나와야 하는 복잡한 과정을 거칩니다. 이렇게 백신 작용에 여러 단계가 필요하기 때문에 그만큼 중간 단계에서 문제가 생길 위험이 많이 있습니다. 게다가 세포핵 내부로 들어간 바이러스 DNA가 인체의 DNA의 엉뚱한 부분에 끼어들어 망가뜨릴 수도 있습니다. 이로 인해 자칫하면 암을 비롯한 각종 문제가 일어날 수도 있습니다. 그래서 세포핵 내부로 들어가 우리 DNA를 손상시킬 염려가 없는 mRNA를 사용하는 것입니다. 하지만 현재 이러한 단점들을 보완한 DNA 백신이 연구, 개발되고 있습니다. 머지 않아 mRNA 백신 못지않은 효과를 지닌 DNA 백신이 등장하여 mRNA 백신과 상호 보완적으로 쓰이기를 기대해 봅니다.

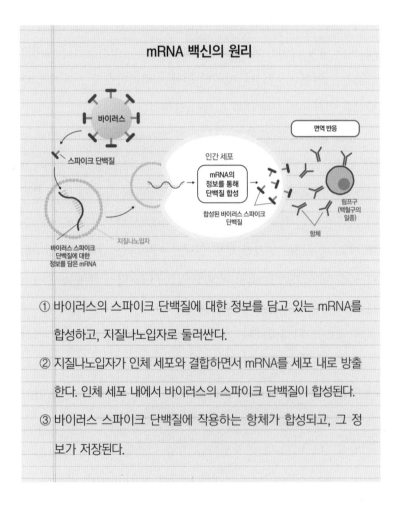

① 바이러스의 스파이크 단백질에 대한 정보를 담고 있는 mRNA를 합성하고, 지질나노입자로 둘러싼다.

② 지질나노입자가 인체 세포와 결합하면서 mRNA를 세포 내로 방출한다. 인체 세포 내에서 바이러스의 스파이크 단백질이 합성된다.

③ 바이러스 스파이크 단백질에 작용하는 항체가 합성되고, 그 정보가 저장된다.

mRNA 백신 개발의 주역, 카리코 카탈린

코로나19가 2억 명 이상의 감염자와 400만 명 이상의 사망자를 내며 전 세계적으로 큰 피해를 입히고 있는 와중에, 화이자-바이오엔테크와 모더나는 세계 최초의 mRNA 백신을 개발했습니다. 이 백신들은 1년도 안 되는 짧은 기간 만에 개발되었지만 사실 그 기반이 되는

카리코 카탈린 박사.

기술은 40여 년에 걸쳐 연구되고 있었습니다. 여기서 핵심적인 역할을 한 과학자가 헝가리 출신의 생화학자인 카리코 카탈린(Katalin Kariko)입니다(헝가리는 우리나라와 마찬가지로 성-이름 순서로 쓰기 때문에 '카리코'가 성입니다).

카리코는 1980년대부터 mRNA를 통해 백신을 만드는 기술을 꾸준히 연구해 왔지만 그 과정은 순탄치가 않았습니다. 학계에서는 mRNA를 통해 쓸 만한 백신을 만드는 것이 매우 어렵다고 여겼기 때문입니다. 그 이유는 크게 두 가지가 있습니다. 첫째, mRNA는 불안정한 물질이기 때문에 쉽게 파괴됩니다. mRNA를 인체에 주입하기 전에 백신을 유통하는 과정에서 이미 파괴될 수도 있고 인체에 주입하는 데 성공하더라도 세포 안까지 문제없이 들어갈 것이라는 보장이 없었습니다. 게다가 mRNA는 커다란 분자이기 때문에, 세포막을 그대로 통과할지 여부도 확실하지 않았습니다. 둘째, mRNA는 면역 반응을 과도하게 활성화시켰습니다. 면역

반응은 적절한 수준으로 일어나면 병원체를 효과적으로 물리칠 수 있지만, 과도하게 일어나면 오히려 우리 몸에 피해를 입힐 수 있습니다. 세포에는 우리 자신의 RNA와 바이러스의 RNA를 구분하는 분자들이 있어서 만약 바이러스의 RNA가 발견되면 면역 물질인 사이토카인을 분비합니다. 그런데 사이토카인은 너무 많이 분비될 경우 인체에 염증을 일으킵니다. 동물실험을 해보니 바이러스 mRNA를 주입하면 면역이 과도하게 활성화되어 염증이 나타나는 것이 관찰되었습니다. 사람에게 주입해도 마찬가지의 결과가 나올 우려가 있었습니다.

이런 문제점들 때문에 카리코의 연구는 환영받지 못했습니다. 카리코는 미국의 템플대학교에서 박사후 연구원 생활을 했지만 지도 교수는 카리코에게 교수가 원하는 연구를 하지 않는다면 강제로 국외 추방시키겠다는 협박을 하기도 했습니다. 1989년에 펜실베이니아대학교로 자리를 옮겼지만 그곳에서도 mRNA 연구는 가망이 없으니 그만두라는 이야기를 들었습니다. 1995년에는 개인적인 어려움도 닥쳐왔습니다. 암 진단을 받고 수술을 받기도 했고, 남편이 헝가리에 귀국했다가 반년 동안 미국으로 돌아오지 못해 그동안 홀로 딸을 보살피며 연구를 해야 했습니다.

카리코에게 전환점이 된 일은 미국국립보건원(NIH)에서 일했던 면역학자 드류 바이스만(Drew Weissman)을 만난 것입니다. 바이스만은 연구비를 쪼개 카리코 박사의 연구를 도와주었습니다. 카리코와 바이스만은 앞의 두 가지 문제를 해결하기 위해 연구를 거듭했고 마침내 해결책을 찾을 수 있었습니다. 우선 mRNA가 불안정해서 쉽게 파괴된다는 문제는 지질 나노입자로 감싸 보호하는 방식으로 해결했습니다. 이렇게 하니 mRNA 가 세포까지 문제없이 전달되었습니다. 그리고 과도한 면역 반응을 일으 킨다는 문제는 mRNA를 화학적으로 약간 변형시켜 해결했습니다. 바이 러스의 실제 mRNA와 같은 유전 정보를 담으면서도 화학적 성질이 약 간 다른 물질로 만든 변형 mRNA를 사용한 것입니다.

이후 카리코는 독일의 제약사 바이오엔테크와 협력해 mRNA 기술을 제 공했고, 바이오엔테크는 미국의 화이자와 손잡고 mRNA 백신을 개발했 습니다. 그 결과 인류 최초의 mRNA 백신이 탄생한 것입니다. 또한, 화이 자-바이오엔테크에 이어 mRNA 백신 개발에 성공한 모더나 역시 역시 카리코의 연구에 기반을 두고 백신을 개발했습니다. 모더나의 설립자인 데릭 로시(Derrick Rossi)는 오래 전부터 카리코의 연구를 눈여겨보았고, 한동안 하버드대학교에서 교수로 근무하면서 RNA 연구를 하다가 모더 나를 설립한 것입니다. 로시는 비록 지금은 카리코와 경쟁사에서 일하고 있지만 mRNA 백신 개발에 있어 카리코의 공로를 인정하고 있습니다.

이처럼 카리코는 아무도 주목하지 않던 연구를 꿋꿋이 이어가 결국 코 로나19 대유행 극복의 희망으로 여겨지는 기술의 초석을 닦았습니다. 카 리코의 이야기는 꾸준한 노력이 결국 결실을 맺는다는 점과 과학 연구의 잠재력은 쉽게 평가할 수 없다는 점을 보여 줍니다.

3장

전염병의 위협이 끊이지 않는 이유

앞서 살펴본 것처럼 현대 과학의 발전으로 인류는 항생제와 항바이러스제, 백신 등 전염병에 효과적으로 대응하는 수단들을 갖췄습니다. 그리고 전반적인 위생 상황도 많이 개선되었고 전염병이 창궐할 때 대응할 수 있는 사회 시스템도 훨씬 정교해졌습니다. 그런데 여기서 한 가지 의문이 들 수 있습니다. 왜 이런 발전에도 불구하고 전염병의 위협은 끊이지 않을까요? 인류 역사상 최악의 질병이었던 천연두를 완전히 박멸하기도 했는데 다른 전염병은 왜 몰아내지 못하고 있을까요? 그리고 왜 앞으로도 전염병의 창궐을 걱정해야 할까요?

그 이유로는 다음과 같은 것을 들 수 있습니다. 첫째, 지금까지 알려지지 않았던 신종 전염병이 계속 출현하고 있습니다. 둘째, 교통수단의 발달로 전 세계가 촘촘하게 이어졌으며 인구 증가로 많은 사람이 모여 살게 되었습니다. 셋째, 기후 변화로 인해 전염병의 매개가 되는 생물의 서식지가 달라졌습니다. 넷째, 기존 치료제나 백신이 잘 작용하지 않는 변이 병원체가 계속 출현하고 있습니다. 다섯째, 과거에 유행했던 전염병이 재출현할 가능성이 있습니다. 이러한 각각의 항목에 대해서 좀 더 자세하게 알아봅시다.

신종 전염병의 출현

1970년대에 천연두가 박멸될 때까지만 해도 인류는 곧 전염병의 위험에서 완전히 벗어나게 될 것이라는 낙관적인 전망이 있었습니다. 인류 역사상 가장 많은 사망자를 냈던 전염병이었던 천연두도 정복했으니 다른 전염병도 하나하나 박멸해 나가면 곧 모든 전염병을 지구상에서 없애버릴 수 있다는 기대였지요. 하지만 각종 신종 전염병이 출현하면서 그런 기대는 얼마 못 가서 무너지게 됩니다. 그 선두에 있던 전염병은 1980년대에 새로 출현한 에이즈입니다. 에이즈는 치료 방법이 발달하기 전까지는 감염된 사람을 속수무책으로 죽음으로 이끄는 불치병이었고 아직까지 개발도상국에서는 큰 문제를 일으키고 있습니다. 그 외에도 2003년 중국을 중심으로 유행한 사스, 2009년 전세계를 강타한 신종 인플루엔자, 2013년 중동 지역에서 발생해 우리나라까지 퍼진 메르스, 1970년대에 발견되었지만 한동안 크게 주목받지 않았다가 서아프리카에서 2014년 유행을 일으킨 에볼라, 2019년부터 시작되어 2021년 현재까지 유행이 끝날 기미가 보이지 않는 코로나19까지 끊임없이 신종 전염병이 출현했습니다.

왜 이렇게 기존에 알려져 있지 않던 신종 전염병이 퍼지는 것일까요? 가장 큰 이유로는 원래 인류의 발길이 닿지 않던 곳에 있던 세균, 바이러스와 접촉할 일이 늘어났다는 점이 꼽힙니다. 이들 신종 전염병을 일으키는 병원체들은 오지 깊숙한 곳에서 다른 동물들의 몸에 살고 있던 것이 많습니다. 그런데 사람들이 농지 확대를 위해, 도로 개통을 위해, 목재를 얻기 위해, 댐을 건설하기 위해, 새로운 도시를 만들기 위해 그런 오지를 계속 개발하면서 새로운 병원체와 접촉을 하게 되는 것입니다. 환경 파괴가 사람들에게 미치는 악영향으로 대기 오염으로 인한 호흡기 질환 증가, 이상 기후로 인한 자연 재해의 증가 등만 생각하기 쉽지만 이렇듯 신종 전염병의 출현도 커다란 악영향 중 하나입니다.

예를 들어 에이즈를 일으키는 바이러스인 HIV의 경우, 원래 침팬지 등 유인원의 몸에서 살던 바이러스가 사람을 감염시킬 수 있도록 변이된 것이라고 추정됩니다. 에이즈는 미국에서 처음 알려졌지만 실제 기원은 중앙아프리카로 추정됩니다. 중앙아프리카에서 오지를 개발하면서 유인원과 접촉하거나 유인원을 사냥한 뒤 비위생적으로 유통하고 섭취하면서 바이러스가 사람에게 넘어온 것으로 보입니다. 원래 다른 동물에 살던 바이러스는 사람에 잘 감염이 안 되는 경우가 많습니다. 하지만 HIV가 원래 살던 것으로 추정되는 침팬지는 사람과 분류학적으로 매우 가까운 동물입니다. 그래서 침팬지를 감염시킬 수 있는 병원체가 아주 약간의 변이를 일으켜 사람을 감염시키게 되었을 수 있습니다. 코로나19의 경우도 비슷합니다. 온갖 야생 동물들을 무분별하게 잡아들이고 시장에 모아서 비위생적으로 매매하면서, 원래 특정 동물에게만 감염되던 코로나바이러스가 사람에게도 감염되도록 변이됐다는 가설이 매우 유력하다는 점은 4부 1장에서 살펴본 바 있습니다.

교통의 발달과 인구의 과밀화

신종 전염병을 계속 걱정해야 하는 다른 이유로는 교통의 발달로 전 세계가 촘촘하게 이어졌다는 점을 들 수 있습니다. 과거에는 서로 다른 국가, 다른 대륙에 있는 사람들끼리 만나는 일이 드물었기에 전염병이 퍼지기가 쉽지 않았습니다. 예를 들어 앞의 3부 2장에서 서술했듯이 스페인이 아메리카를 침략하기 전에 아메리카에는 천연두가 없었던 것으로 추정됩니다. 유럽인들이 아메리카에 건너가는 일이 매우 드물었기 때문에 유라시아 및 아프리카에 있던 천연두가 아메리카까지 퍼지지는 않았던 것이지요. 하지만 각종 교통수단이 발달하면서 전 세계가 뱃길, 철도, 고속도로, 항공편 등으로 이어져 사람들이 세계 어디든 쉽게 갈 수 있게 되었습니다. 그 결과 과거에는 한 지역 내에서 퍼지고 끝났을 전염병이 순식간에 지구 전역으로 퍼질 수 있게 되었습니다.

이 점을 분명하게 보여주는 것이 2014년의 에볼라 출혈열 유행입니다. 에볼라 출혈열은 1976년 발견되어 아프리카의 일부 지역에서만 발생했고 2014년까지는 그리 많은 사람들이 감염되지는 않았습니다. 치사율이 50~90%에 달할 정도로 엄청나게 강력하고, 의료 환경이 좋지 않은 아프리카 지역에서 유행했기 때문에 감염자가 다른 사람들에게 바이러스를 퍼뜨리기 전에 사망하는 경우가 많았기 때문입니다. 그래서 2014년 이전까지 에볼라 출혈열은 한 곳에서 출현하면 그 근처 소수의 마을만 휩쓸고 지나가고 더 이상 퍼지지 않았습니다. 이때까지는 감염자가 1년에 수십에서 수백 명 정도만 발생했을 뿐입니다. 하지만 2014년에는 2만 5천 명 정도가 감염되고, 1만 명 정도가 사망하는 큰 유행으로 번졌습니다. 그동안 서아프리카 곳곳에 도로가 뚫리면서 사람들의 이동이 쉬워졌기 때문입니다.

기존 전염병 중간 숙주의 서식지 변화

환경 파괴는 다른 방식으로도 전염병의 위협을 가져옵니다. 지구 온난화로 인해 기후가 변하면서 주로 열대 지방에서 생겼던 전염병이 점점 올라오고 있는 것입니다. 일례로 열대 지역에서 유행하는 말라리아는 특정 모기가 말라리아 원충을 사람에게 옮기면서 감염되는데, 말라리아 원충을 옮기는 모기는 너무 기온이 낮은 지역에서는 살 수 없습니다. 그래서 주로 열대 지방이나 아열대 지방에서 유행하는 것입니다(우리나라 경기도 북부나 북한에서 유행하는 말라리아는 열대 말라리아와는 다른 종류이고 독성도 훨씬 약합니다). 그러나 지구 온난화로 인해 지구의 기온이 높아지면서 말라리아모기가 살 수 있는 지역도 점점 넓어지고 있습니다. 북반구에서는 말라리아가 원래 창궐했던 지역보다 점점 북쪽에서도 퍼지고 있습니다. 그리고 평지보다 기온이 낮아 살지 못했던 높은 산악 지방까지 퍼지기도 합니다. 거기에 더해 온도가 높아질수록 모기의 성장 속도가 더 빨라진다는 점도 문제가 됩니다. 모기가 사람의 피를 더 자주 빨고, 그만큼 말라리아를 더 빨리 퍼뜨리게 되기 때문입니다.

온난화를 등에 업고 '슈퍼 말라리아'가 인류를 위협한다.

변이 및 변종 병원체의 출현

세균이나 바이러스 등의 병원체가 계속 변이를 하거나 때로는 변종이 나타나기도 한다는 점도 문제입니다. 모든 생물의 유전 물질은 시간이 지남에 따라 조금씩 변합니다. 유전 물질을 복제하는 과정에서 오류가 생기기도 하고, 다른 개체와 결합하면서 유전자가 섞이기도 하며, 자외선이나 독성 물질에 의해 손상이 일어나는 경우도 있습니다. 이렇게 유전 물질에 변이가 일어나면 병원체의 몇몇 성질이 달라집니다. 대부분의 경우 변이는 병원체에게 해로운 경우가 많아서 변이가 발생한 병원체는 원래의 병원체보다 생존과 증식 능력이 떨어집니다. 하지만 간혹 변이로 인해 오히려 더 잘 생존하고 증식하는 경우가 있습니다. 그리고 한 종류의 생물만 감염시켰던 병원체가 변이를 일으켜 다른 동물도 감염시키게 되는 경우도 있습니다. 신종 바이러스의 상당수가 바로 이러한 과정을 거쳐 나타났다고 알려져 있습니다.

또한 변이가 일어나면 기존 백신과 치료제의 효력이 떨어지거나, 심한 경우 무용지물이 되어버리는 경우가 있습니다. 2장에서 백신으로 면역이 생기면 해당 병원체에 대한 항체가 형성되어 질병을 예방할 수 있다고 이야기했습니다. 항체의 역할은 병원체의 특정 부위에 달라붙어 병원체가 활동을 할 수 없게 만드는 것입

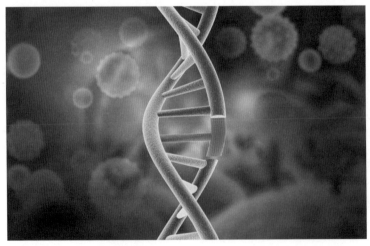

DNA 일부에 변이가 일어난 모습.

니다. 그런데 병원체에 변이가 생겨서 원래 항체가 달라붙던 부위가 변해 버리면 기존의 항체로는 그 병원체를 충분히 무력화할 수 없게 됩니다. 예를 들어 인플루엔자 백신을 맞더라도 보통 그 효과는 다음 해까지 이어지지 않습니다. 인플루엔자 바이러스가 계속 변이를 일으켜 모습이 계속 변하기 때문입니다.

변이는 병원체가 치료제에 내성이 생기게 하기도 합니다. 대개는 변이가 생긴 병원체도 원래의 병원체와 마찬가지로 치료제를 투입하면 박멸됩니다. 그런데 간혹 치료제를 투입해도 문제없이 생존하고 증식할 수 있는 변이 병원체가 나타납니다. 이런 상황에서 치료제가 투입되면 원래의 병원체는 죽고 변이 병원체만 살아남습니다. 그리고 원래의 병원체가 차지하고 있던 자리를 이제는 변이 병원체가 차지하고 빠르게 증식합니다. 그래서 치료제를 쓰면 쓸수록 변이 병원체가 오히려 늘어나며 치료제가 무용지물이 되어 버립니다.

이렇게 특정 치료제가 무용지물이 되어 버리면 새로운 치료제를 사용해야 합니다. 그런데 새로운 치료제를 쓰다 보면 다시 그 치료제에 내성이 생긴 병원체가 나타나고, 다시 새로운 치료제를 쓰면 그 치료제에 내성이 생긴 병원체가 나타나는 일이 반복되기 때문에 치료제만으로는 전염병 문제를 해결하기가 어렵습니다. 게다가 변이 병원체는 빠르게 나타나는데 비해 새로운 치료제를 발견하거나 개발하기는 아주 어렵습니다. 치료제로 쓰일 가능성이 있는 물질이 무한정 있는 것도 아니고 그런 물질을 발견하더라도 실제로 의약품으로 개발해 사용하기 전에 인체에 부작용은 없는지 아주 꼼꼼하게 확인해야 하기 때문입니다. 이런 이유로 치료제를 사용할 때는 많은 주의를 기울여야 합니다. 의사가 처방한대로 복용하지 않고 빨리 병이 낫고 싶다는 마음에 환자 마음대로 치료제를 복용하는 경우 치료제에 내성이 있는 병원체의 출현을 야기할 수 있습니다.

4장

전염병에 대응하는
새로운 기술과 시스템

다행히도 전염병 유행에 대응하는 방식도 발전하고 있습니다. 새로운 기술을 이용해 전염병을 이전보다 빠르게 예방하고 확산되는 경로를 예측하여 차단하는 것입니다. 이러한 새로운 방법으로 많은 기대를 받고 있는 것은 '범용 백신'의 개발입니다. 범용 백신이란 여러 변이 혹은 병원체들에 모두 효과가 있는 백신을 뜻합니다. 현재까지 개발된 백신들은 대개 한 종의 병원체에만 작용합니다. 그 이유는 백신을 통해 만들어지는 항체가 한 종의 병원체에만 있는 특징적인 부위에 작용하기 때문입니다. 따라서 그 부위가 변형되거나 없어진 변이, 변종 병원체에는 효과가 없는 것입니다.

예를 들어 인플루엔자 백신은 대개 인플루엔자 바이러스의 스파이크 단백질에 작용합니다. 그런데 인플루엔자 바이러스가 변이를 일으켜 스파이크 단백질의 모양이 변하면 기존 백신은 그런 변이 바이러스에는 효과가 떨어지게 되는 것입니다. 그리고 기존 인플루엔자 바이러스와 완전히 다른 스파이크 단백질을 가진 변종 바이러스에게는 아예 효과가 없을 수도 있습니다. 실제로 1918년의 스페인 인플루엔자, 1968년 홍콩 인플루엔자, 2009년 신종 플루 등이 커다란 유행을 일으켰는데, 이들은 모두 서로 다른 종의 인플루엔자 바이러스가 일으켰습니다. 그리고 대유행까지 일어나지는 않더라도 매년 기존 인플루엔자 바이러스와 조금씩 달라진 변이 바이러스가 등장합니다. 그래서 하나의 백신으로 인플루엔자를 완전히 예방할 수는 없고 매년 변이 바이러스에 맞춰서 제작된 새로운 백신을 맞아야 합니다.

그래서 비슷한 종류의 바이러스에 모두 효과가 있는 범용 백신을 만들고자 하는 것입니다. 바이러스가 변이를 일으킨다고 해도 바이러스의 모든 부분이 일정하게 변이를 일으키는 것은 아닙니다. 만약 바이러스의 생존과 증식에 중요한 부분에 변이가 일어나는 경우, 그 바이러스는 곧 소멸하게 되므로 이러한 부분은 다른 부분보다 변이가 비교적 적게 일어납니다. 따라서 이런 곳에 작용하는 항체를 형성하는 백신을 만들면 여러 가지 변이, 변종 바이러스에 모두 효과를 보이게 됩니다. 예를 들어 여러 인플루엔자 바이러스에 모두 공통으로 포함된 부분이 있다면 그 부분에 작용하는 백신은 변이, 변종 바이러스에 예방 효과가 있는 것입니다. 코로나바이러스의 경우에도 마찬가지입니다. 사스 바이러스, 메르스 바이러스, 코로나19 바이러스 모두 코로나바이러스의 변종들인데, 이 변종들의 공통적인 부위에 작용하는 항체를 형성하는 백신을 만들면 사스, 메르스, 코로나19 등을 한 번에 예방할 수 있게 됩니다.

이러한 범용 백신을 개발해 비축해 두면 때마다 새로운 백신을 맞는 수고를 덜게 됩니다. 현재 인플루엔자 백신의 경우 매년 새로운 변이 바이러스에 맞춰 백신을 생산합니다. 하지만 범용 백신을 한 번 맞으면 그 효과가 매년 새롭게 출현하는 변이에 대해서도 유지될 것이므로 백신을 계속 새로 생산할 필요성이 줄어듭니다. 그리고 갑작스럽게 치명적인 독성과 엄청난 전염력을 가진 신종 바이러스가 출현하더라도 이미 많은 사람이 백신을 맞은 상태이기 때문에 크게 전파되지 않을 것입니다. 또한 매년 수백 만 명의 사람들에게 백신을 접종하기 위해 동원되는 사회적 비용도 절감할 수 있습니다.

한편으로는 어떤 전염병이 유행할지 예측하고 미리 대비하는 방식도 발달하고 있습니다. 실제로 매년 WHO는 세계 곳곳에서 발생한 바이러스에 대한 정보를 모으고, 다음 해에 어떤 바이러스가 유행할지 예측하고 있습니다. 백신을 생산하는 기업들도 WHO의 예측에 따라 전염병의 유행 이전에 백신을 설계합니다. 사실 아직까지는 그 예측이 아주 정확하다고 할 수는 없습니다. 그래서 WHO의 예측에 맞춰 개발한 백신이 실제로는 예방 효과가 매우 부족한 경우도 있습니다. 하지만 IT의 발달로 점점 더 많은 데이터를 수집할 수 있게 되고, 이러한 빅데이터를 처리하는 컴퓨터의 성능도 발달하면서 예측의 정확도가 크게 높아지리라 기대할 수 있습니다. 또한 빅데이터에 근거해 커다란 유행을 일으

스위스 제네바에 위치한 WHO 본부.

킬 가능성이 있는 병원체들에 대해 미리 백신을 개발해놓을 수도 있습니다. 실제로 미국에서는 전 세계적인 유행을 일으킬 가능성이 있는 병원체들을 선정해 백신을 미리 개발해놓는 계획이 추진되고 있습니다.

기존 병원체의 변이, 변종이 아니라 완전히 새로운 병원체가 발견되더라도 빠른 속도로 백신을 개발할 수 있는 시스템도 만들어지고 있습니다. 코로나19의 경우 유행이 1년도 채 지나지 않은 시점에서 백신이 개발되었습니다. 이것은 짧게는 수년에서 길게는 십 년 이상 걸리는 기존 백신보다 훨씬 빠른 속도입니다. 하지만 그 사이에 유행이 전 세계적으로 퍼졌고, 세계 곳곳에서 변이 바이러스가 나타났습니다. 그래서 백신 접종이 충분히 이루어지기 전에 이미 백신의 효과가 약간 떨어져 버렸습니다. 백신 개발까지 1년 남짓밖에 걸리지 않더라도 그 사이에 전염병이 급격히 확산될 수 있는 것입니다.

이런 문제를 해결할 방법으로 제안된 것은 임상 시험에 참여하는 사람들을 빠른 속도로 모을 수 있는 네트워크입니다. 일반적으로 백신 개발 과정에서 임상 시험에 참여하는 사람들을 모으는 데는 많은 시간이 걸립니다. 아직 효과와 부작용이 명확히 밝혀지지 않은 의약품을 (어느 정도 보수가 있더라도) 자신의 몸에 시험해 보겠다고 자원하는 사람들도 많지 않을뿐더러 연령, 성별 등이 다양한 참가자를 모아야 하기 때문입니다. 따라서 백신의 설계가 어느 정도 되어 있더라도 즉각적으로 임상 시험에 돌입하기는 어렵습니다. 그런데 추후 임상 시험에 참가 의사를 밝힌 사람을 미리 확보해 놓으면 임상 시험 단계를 일사천리로 진행할 수 있는 것입니다.

──────────── 임상 시험 진행 단계와 절차 ────────────

의약품 연구 개발							상업화	
의약품 발견	의약품 개발						제조	판매
후보물질	기초 연구 (비임상 실험 및 제제화 연구)	임상 연구(임상 시험)				허가	생산	판매
		기간: 대상:	1상 수개월~1년 20~80명	2상 1년~2년 100~300명	3상 3년~5년 1000~5000명			

어떤 전염병이 유행할지 뿐만 아니라 그 전염병이 어디로, 얼마나 빠른 속도로 확산될지 예측하는 기술도 발전하고 있습니다. 병원체의 특징, 비슷한 성질을 갖는 다른 전염병이 확산되는 패턴, 전염병 발생 예상 지역의 인구, 지리적 특성, 교통 정보, 사람들의 행동 패턴 등 전염병 관련 데이터를 광범위하게 수집한 빅데이터를 인공지능을 통해 처리하는 것입니다.

인류의 역사는 전염병과의 싸움이었다 해도 과언이 아닙니다. 끝이 없는 창과 방패의 싸움 속에서 지금 우리는 코로나19라는 강력한 적을 맞아 고전하고 있지만 이에 굴하지 않고 앞에서 언급한 방법들을 모색하고 발전시켜 더 나은 미래를 위한 노력을 멈추지 말아야 하겠습니다.

✸ 신종 전염병이 계속 등장하는 이유로 환경 파괴가 뽑히고 있습니다. 그런데 현재 환경을 많이 파괴하고 있는 국가들은 개발도상국인 경우가 많습니다. 이런 상황에서 이미 잘 사는 선진국들이 개발도상국들에게 경제 발전을 그만두고 환경 보호에 힘쓰라고 이야기할 권리가 있을까요? 또, 개발도상국들의 환경 파괴를 줄이면서 경제 발전도 이룰 수 있는 방법이 있을까요?

✸ 슈퍼 박테리아의 출현을 막기 위해 개개인이 할 수 있는 일에는 어떤 것이 있을까요? 그리고 슈퍼 박테리아가 탄생했을 때 개인 차원에서와 사회 차원에서 각각 어떻게 대처해야 할까요?

✸ 카리코 카탈린의 mRNA 연구는 가망이 없어 보이는 연구여도 꾸준히 지속하면 예상을 뛰어넘는 큰 성과를 가져올 수 있다는 점을 보여 줍니다. 그렇다면 카리코의 연구와 같이 아직 잠재력을 알 수 없는 연구에도 지원이 계속 이루어지게 하려면 어떻게 해야 할까요?

✸ 전염병 확산 방지를 위해 이용할 수 있는 신기술에는 어떤 것들이 있을까요? 본문에서 언급한 것 외에 우리 주변에서 쉽게 활용할 수 있는 기술이 있을까요?

1~5부에서 전염병의 여러 가지 측면들에 대해 알아보았습니다. 1부에서는 전염병이란 무엇이고 왜 문제가 되는지, 무엇이 전염병을 일으키고 퍼지게 하는지에 대해 훑어보았습니다. 2부에서는 인류의 삶에 큰 영향을 끼친 네 가지 전염병인 말라리아, 천연두, 에이즈, 인플루엔자에 대해 이러한 전염병이 왜 생겼고 인류는 어떻게 대응했는지, 이들 전염병과 관련해 현재 상황은 어떠한지 간단하게 짚어 보았습니다. 3부에서는 역사에 커다란 영향을 끼친 전염병들을 소개하며 전염병이 인류 역사와 어떻게 상호 작용을 하는지 알아보았습니다. 전염병들은 한 국가의 발전을 가로막거나 심지어 멸망에 이르게 할 정도로 큰 영향을 끼치기도 했습니다. 또한 언론 통제나 식민 지배와 같은 역사적 상황이 전염병이 퍼지고 사망자를 늘리는 데 영향을 주기도 했습니다. 4부에서는 현재 우리의 일상을 위협하고 있는 코로나19에 대해 상세하게 정리하였습니다. 코로나19가 왜 나타났고 어떤 식으로 전파되는지, 앞으

로 유행이 어떻게 전개될지 살펴보았습니다. 5부에서는 전염병과 인류의 싸움이 어떻게 진행되어 왔고 앞으로 어떻게 진행될 것인지 알아보았습니다.

저자들은 머리말에서 전염병과 관련된 정보 습득에 있어 원리 이해, 지식 습득, 응용의 3단계가 중요하다고 강조했습니다. 이러한 단계에 맞춰 본문 내용을 나눠보면 1부는 전염병과 관련된 근본적인 원리 이해, 2부와 3부는 여러 전염병에 대한 지식 습득, 4부와 5부는 우리가 마주한 구체적인 상황에 응용하기에 해당한다고 볼 수 있습니다. 물론 이것은 대략적인 구분일 뿐으로 각 부 내에서도 원리와 지식, 응용 단계가 섞여 있습니다. 예를 들어 전염병에 대한 일반적인 내용을 주로 다루고 있는 1부에서도 콜레라에 대한 구체적인 지식이 포함되어 있고, 그러한 원리와 지식을 응용하여 콜레라 창궐을 막은 사례도 같이 소개하였습니다. 2~5부도 이와 마찬가지로 원리 이해, 지식 습득, 응용을 넘나드는 내용을 많이 포함하고 있습니다. 이렇게 세 단계를 여러 차례 오가면서, 독자들이 과학적으로 사고하는 법과 좋은 정보와 나쁜 정보를 가려내는 힘을 기를 수 있기를 바랍니다.

참고 문헌

『바이러스학』 4판 / 류왕식 저 / 라이프사이언스 / 2019

『바이러스와 감염증: 에볼라, 에볼라 출혈열, 구제역, 조류 인플루엔자…감염증의 세계적인 대유행』 / 가와무리 다카시 외 공저, 강금희, 신명희 공역 / 뉴턴사이언스 / 2015

'병자호란과 천연두' / 구범진 저 / 『민족문화연구』 수록 / 2016

『세계사를 바꾼 전염병 13가지』 / 제니퍼 라이트 저 / 이규원 역 / 산처럼 / 2020

『신종 바이러스의 습격』 / 김우주 저 / 반니 / 2020

『핵심미생물학』 / Madian 저, 오계현 역 / 바이오사이언스 / 2013

『전염병과 역사: 제국은 어떻게 전염병을 유행시켰는가』 / 셸던 와츠 저, 태경섭, 한창호 공역 / 모티브북 / 2009

『전염병이 휩쓴 세계사: 전염병은 어떻게 세계사의 운명을 뒤바꿔 놓았는가』 / 김서형 저 / 살림 / 2020

'중세 말기 이탈리아 도시들의 흑사병 대응' / 박흥식 저 / 『역사 속의 질병, 사회 속의 질병』 수록 / 솔빛길 / 2015

'1918년 한국 내 인플루엔자 유행의 양상과 연구 현황: 스코필드 박사의 논문을 중심으로' / 천명선, 양일석 공저 / 『의사학』 수록 / 2007

'《매일신보》에 나타난 3·1 운동 직전의 사회상황' / 이정은 저 / 『한국독립운동사연구』 수록 / 1990

'코로나 19 백신과 치료제, 언제쯤 개발되나?' / 강규태 저 / 『미래를 읽다 과학이슈 11 Season 10』 수록 / 동아엠앤비/ 2021

'포스트 코로나 시대 과학기술, 어떻게 바뀔까?' / 한세희 저 / 『미래를 읽다 과학이슈 11 Season 10』 수록 / 동아엠앤비/ 2021

IBS 코로나 과학 리포트 2 / mRNA, 코로나19 백신에서 유전자 치료제까지 (www.ibs.re.kr/cop/bbs/BBSMSTR_000000001003/selectBoardArticle.do?nttId=19602)

MIT 테크놀로지 리뷰 / 코로나 백신을 넘어…mRNA의 놀라운 잠재력 (www.technologyreview.kr/messenger-rna-vaccines-covid-hiv/)

동아사이언스 / [인류와 질병] 투유유의 세 번째 낫 (www.dongascience.com/news.php?idx=30708)

동아사이언스 / 허젠쿠이가 교정한 '유전자 편집 아기' 또 다른 위험 초래 (www.dongascience.com/news.php?idx=29184)